欧小宅 著

# 价值工作法

开启自我实现的原动力

台海出版社

图书在版编目（CIP）数据

价值工作法：开启自我实现的原动力 / 欧小宅著. -- 北京：台海出版社，2023.11
ISBN 978-7-5168-3694-1

Ⅰ. ①价… Ⅱ. ①欧… Ⅲ. ①成功心理—通俗读物 Ⅳ. ① B848.4-49

中国国家版本馆 CIP 数据核字（2023）第 201947 号

## 价值工作法：开启自我实现的原动力

著　　者：欧小宅

出 版 人：蔡　旭　　　　　　　　封面设计：仙　境
责任编辑：魏　敏

出版发行：台海出版社
地　　址：北京市东城区景山东街 20 号　邮政编码：100009
电　　话：010-64041652（发行，邮购）
传　　真：010-84045799（总编室）
网　　址：www.taimeng.org.cn/thcbs/default.htm
E - m a i l：thcbs@126.com

经　　销：全国各地新华书店
印　　刷：三河市嘉科万达彩色印刷有限公司
本书如有破损、缺页、装订错误，请与本社联系调换

开　　本：880 毫米 ×1230 毫米　　1/32
字　　数：240 千字　　　　　　　　印　张：8.5
版　　次：2023 年 11 月第 1 版　　　印　次：2024 年 3 月第 1 次印刷
书　　号：ISBN 978-7-5168-3694-1

定　　价：59.80 元

版权所有　　翻印必究

## 推荐序　量力而动，善败由己

得到联合创始人 &CEO　脱不花

我带着满满的感谢之情，祝贺小宅出版了这本书。

一直以来，我思考的一些问题，不知道如何去表达和解决，而这本书恰恰给了我系统的回答。

为什么道理都懂，但问题就是解决不了？

小宅的观点是：因为"习得性无助"。

我们的很多痛苦，来源于认为自己的痛苦"独一无二"。这种痛苦带来的是一种孤独感，认为自己没有支持，孤立无援，而且光凭自己的力量无法抗衡，这份痛苦难以摆脱，自己只能无可奈何地与之共存。更深一层的含义是，自己的痛苦是不正义的，是错的，就不应该痛苦。因此，自己不可能被理解，痛苦"独此一份"，没有支持就更理所当然了。

事实上，我们的痛苦与他人共通。

这本书结合了感受和工作两个看似不相容的元素，深入探讨痛苦的根源，并提供了缓解痛苦同时解决现实问题的方法。

我发现小宅的逻辑和其他人的方法论不一样，她在解决两个问题：

- ●道理我都懂，为什么做不到？
- ●同样的方法论，对别人管用，为什么对我无效？

书中提出：先理解感性，再执行理性。

小宅没有鼓励大家颠覆自己或者评判自己，而是就地取材，观察一下自己身上发生了什么，趁此机会了解自己，把优缺点都当作"素材"，用来尝试，开拓新的局面。

当个人成长只是一个自娱自乐的小尝试，好像没那么困难，也没那么羞耻。

理解自己是解决问题的第一步。痛苦并不是与生俱来的，是在经历中习得的。这一认知，可以帮助我们摆脱无助的状态，重新找到解决问题的动力和信心。

这和企业教练的对话过程非常像，关注情绪的同时谈事，针对具体问题找解决办法。

有一个应用场景挺有意思，即本书第三章第四节的"有效的求助，是一场联谊"。

我在工作中也发现，有相当一部分人不懂得向他人求助。一是没有这个意识，默认所有事情要自己默默干；二是过不去内心的那道坎儿，觉得求助很丢脸。这个"求助"的定义会扩散到颇为宽广的范围，比如工作交代不清导致自己工作有困难，按道理，应该找上游同事或者布置任务的领导问清楚，有的人会把开口问人也归类为求助，于是自己吭哧吭哧埋头苦干，最后偏离轨道，事倍功半，耽误了自己也耽误了事。

劝人放下面子去求助，这会对抗人的惯性思维。然而书中从实际应用的角度去解读，提出求助会带来事业、人际和情感上的多重收益，需要的只是在行动上做一些小改变。如果从小的求助开始尝试，那么难度就会降低很多。小宅提供了很细致的策略，一步一步讲解怎样做到有效且有安全感的求助，方法很温和。

当我们做出一点小改变，外界的反馈必定随之变化，进而松动原有的惯性思维。从感受到收益，再从收益回归感受，原本习得而来的无助，慢慢被现实里的控制感所取替。

这就是主导自己人生的开始。

# 导言　职场是自我成长的最佳工具

工作除了给我们带来收入和成就感之外,还带来了不少烦恼。

○上司不讲理,完全不听建议,我感觉很无奈。

○我怎么跟那个烦人的同事相处?

○跟不上工作节奏,总感觉很累,不顺心。

○我不喜欢公司的风气,待人接物很烦。

○工作太不顺利,我睡不着。

做管理十多年,新老朋友常常咨询我关于工作的问题,希望少一些烦恼和困顿,可以更理智、更高效地去工作。刚开始,我会给出解决办法,朋友们一听,都能懂。然而回到实际工作中,他们依然是"道理我都懂,但就是做不到"。

管理学可以从组织利益的角度去"规范"一些行为,但是个人并没有成为百分之百的受益者。事情即便是当下解决了,也很容易反复。朋友的负面情绪依然存在,下一次很可能再犯。在道理和执行之间,似乎缺失了一些可以让人彻底改变的东西。

我和朋友们谈得愈发深入,尝试找到偶尔可以治标却很难治本的原因。最终,我在心理学找到了答案:**我们在工作中体验到的负面情绪,源于未被满足的内心需求。**当需求一直没有得到回应,这种不满就会持续,影响着你的工作表现。

在我看来，你不喜欢的工作氛围、不喜欢被对待的方式、不满意的工作待遇，都是你感到自我被入侵和破坏。别人尝试要求你舍弃自己的"游戏规则"，强迫你接受他的"游戏规则"，让你臣服。不论别人是有意还是无意，你感受到的都是自我被压制。当自我被压制时，需求自然难以被看见，更不要说被回应了。这时候，你就会产生委屈、愤怒、沮丧、恐惧等负面情绪。

情绪让你的思想开小差，不是跟你对着干，实际上是给你通风报信，让你看看自己的内心需求。

将心理学理论与实际工作场景联系起来，我看到了一个理解工作中情绪的新角度。

## 工作可以只有理智没有情绪吗

一天有24小时，除去睡觉的8个小时，我们清醒时候的绝大部分时间都花在工作上。如果要加班，这个时间就更长了。

有的人上班会憋出一肚子气。

如果我问："为什么生气？"很多人会回答："因为他是错的，所以我生气。"

我换一种问法："为什么他错了，你会生气？他犯错，你需要承担哪些后果？是因为这些后果你难以承担而生气，还是因为打乱你的计划而生气？"

相信大家会给出丰富多彩的答案，比如"错的事情理应要纠正""错误的观念传播开来世界就糟了""这么扭曲的价值观必遭谴责"等。

听起来是就事论事，但是我们仔细回想，用理智的口吻去包装自己的情绪并不困难。自己以前的有些"辩解"，现在考究下来也是不客观、不准确的。

我们很少有机会去好好处理自己在工作中的情绪。要么"做事要紧",忽略了自己;要么深陷其中,影响了工作。

要想得到更客观的判断、更清晰的头脑,不是消灭情绪,而是善待情绪,探究情绪背后隐藏了些什么。

激发我们情绪反应的事件,在心理学上称为"刺激"（Stimulus）。

刚才有关生气的提问,我们就可以标记为:**让人生气的人和事是"刺激",我们生气了是"反应"**。

很多人在网上与人吵架,正是想消灭坏人、错事,来满足自己维护秩序的需求。辩论的胜方会觉得自己行侠仗义,感觉很满足。但是在工作中,我们就不敢那么鲁莽了。从小到大,家长和老师不断灌输给我们"做人要低调,枪打出头鸟""做人要考虑别人的感受,别那么自私"。我们内摄了这一套规训,工作上指出别人的错误既不低调还伤人,是违反规训的大事,绝对不能做。

这时候,我们没办法用行动来回应维护秩序的需求,于是情绪就冒了出来,左右着我们的思想。

在工作中被刺激到了,有情绪是谁的错？我在工作中什么都想要却什么都要不到,怎么办？到底哪些是理性需求,哪些是内心需求？

## 需求被否定的恐惧

马斯洛需求层次理论当中,生理需求、安全需求在底部,往上分别是社交需求、尊重需求和自我需求。以前我们会说,吃饱了才能思其他,最新的理论认为,**需求层次没有先后之分。**

**我们在满足生存需求的同时,同样希望获得尊重,实现自我。**

人类很聪明，不会因为内摄了前人的智慧而放下自我需求。我们带着放不下的需求去工作，不被回应的次数越多，就越有情绪，最终积羞成怒，对别人生气："为什么你们让我难堪？为什么你们不照顾我的感受？"还会对自己生气："为什么我就是做不到？我太差劲了！"

还有人在早年的成长经历中，有过被拒绝、被忽视的创伤，觉得自己是不好的、不配得的，连自己的存在也是别人的负担。尤其是提出需求这件事，光想一想就有负罪感。为了回避早年的创伤，很多人会选择在工作中压抑需求，忍气吞声。

从心理学的角度来看，需求是本能，人人都有。如果我们在成长过程中，需求得到了父母的回应，并且获得足够多的帮助，内心就会得到满足，学会说出需求，索求资源，长大后戾气会少很多。可惜，我们通常带着遗憾长大。需求不但没被满足，甚至讲不清楚自己想要的是什么。即便有人想帮忙，我们也会一次次错过索求的机会。

幸运的是，我们已经长大，可以亲自去补全内心缺失的一角。

现在，我们知道了"刺激—反应—需求"之间的关系。碰到刺激我们的人和事，我们会有反应。这些反应不一定需要改变，但是由此打开了一扇门，我们有机会探寻到自己内心需求是什么。

**学会正确地索求，满足内心需求，我们就会有力量去重构自己的世界。**

"不管好坏，你生存的社会就是这个样子，你要是有心好好生活下去，就得在这个社会现实里建设你自己的良好生活——毫无疑问，这种建设包括批判与改造。"

哲学家陈嘉映老师在《何为良好生活》一书中的这句话，也是我写这本书的目的：**如何重构我的世界。**

我们的世界由不同的零部件组成，其中三大件是朋友、家人、工作。不喜欢的朋友可以拉黑，换成喜欢的；家人换不掉也改变不了，我们只能通过自我成长，让自己舒服一些。而工作介于两者之间，不得不干，改变的空间又比家人要大一些。

那么，我们可以从工作入手，索求资源，改造世界。

## 创造新体验，扭转习得性无助

这本书不是指点你如何让工作顺风顺水，而是将工作里的体验变成工具，来实现自我成长。我会尝试提供一些帮助，教你"薅工作的羊毛"，把负向的工作体验扭转成正向的工作方法。

运气最好的人，工作没有烦恼；运气较好的人，有能力跳槽；运气差的人，饱受工作折磨，而且动弹不得。

**既然已经在井底，那么别放过井水、苔藓、晨露，全部用起来。**

我们在工作中投入了大量的时间、体力劳动、情绪劳动，只赚回工资就太可惜了。我们还要赚到更多的额外收益，从"我与工作""我与他人""我与权威"的关系中，解读出自我，实现自我成长。

本书以案例为主，讲理为辅，力求写出能在工作中直接使用的方法论，用实践验证道理。

书中的案例主要有三个来源：

1. 工作经历，包括我的经历，十多年管理工作的经验，以及帮助别人解决过的问题；

2. 共性情况，我会总结出不涉及隐私的共性规律，汇编成故事；

3. 参考文献，除了经典文献，每年心理学界也会有新观察、新总结。

心理学知识帮助我描绘出一条从表象到内里的路径；工作经历和

教练对话，让我共情到其他人在工作上的感受来自哪些认知，并最终影响其行为。我在自己的工作中会尝试不同的言行，以便看看带来哪些不一样的反馈；我也会观察其他人改变认知之后，行动会有哪些改变。好比拼装家具，只看说明书不行，我会带着你一起看看别人怎样"拼家具"最有效，执行的障碍是什么，以及如何破拆难点，以便少走弯路。

为了保护他人的隐私，以工作经历和客户的共性情况举例时，我会统一称为"我的朋友"，主角名字统一为"阿猫""阿狗"，并改变其中的关键信息，包括姓名、性别、行业、年龄等。

## 拥有快乐的权利

很多人觉得，变得更好太难了。确实，心理学家埃里克森也觉得，"从临床与人类学的角度看，健康人格的出现似乎是个意外"。

所以我们不用执着于变得"更好"，而是**尽量多去尝试，停止不良操作，记录正面反馈，建立新的路径依赖。**

比如前面提到的场景，上司不讲理，完全不听建议，这是刺激；自己感觉很无奈，这是反应。

看完这本书，你会明白这份无奈的背后，隐藏着不同需求：

○我希望我的意见被认同。

○我希望获得上司的认同。

○我希望上司只认同我。

○我希望工作结果让我满意。

○我希望项目带来很多提成。

○我希望对项目有控制权。

明确了需求，你就不会憋着劲儿只对付某一个人或某一件事。情绪再也控制不了你，你会走出牛角尖，拿解决问题的钥匙。工作、同事、上司，都是满足你的需求的工具而已，你有权利也有能力选择其他资源去实现目标。

当我们对工作有掌控感时，痛苦就会减少。上班的时候，看到讨厌的人，你不再烦躁；下班了，你也不会为没做好的事懊恼。大脑放轻松了，才有空去考虑如何让自己快乐。

为了一步步实现这些改变，本书的论述分为四步：**觉察需求—满足需求—改变认知—重构环境**。

要完成这四步，我会理清情绪、需求、知行三者的关系，心理学和哲学在此发挥了很大的作用。书中不会直接探讨心理学理论，但是会用心理学中的概念，书中会尽量标明来源。

在书目结构上，第一章论述"我的心理底线是什么"，自己未被满足的需求；第二章论述"我的心理优势是什么"，自己已有的资本；第三章论述"获得力量应对工作"，掌握方法论；第四章论述"调用资源重构环境"，扩大自己对外部环境的影响。

希望这本书能帮助你从工作的感受和体验中抽取出内心需求，掌握有效的满足方式。最终，调整认知基模，自信满满地生长出自我，获得充盈的心理效能去重建自己想要的世界。

# 目录 Contents

## 01 第一章 看懂情绪背后的心理动机

情绪是"邮差",内心需求是人生底色　　003

自我怀疑背后是渴望无条件被爱　　007

被冒犯,源于心理边界的"表达"缺失　　013

愤怒者都在维护心中的正义　　020

焦虑者的"好学生心态"　　029

发言紧张,心中有"怪物"　　036

惯性否定者必须抢先一步承认"我不行"　　044

迷茫者有最强的生命力　　050

与自己的内心需求对话　　054

# 02 第二章 自我定位法

难以量化的个人优势　　　　　　　　059

外部评估，定位核心竞争力　　　　　061

用"个人意愿"找到工作的动力　　　066

身体素质，决定你的奋斗强度　　　　072

稳定力，最受欢迎的万能品质　　　　078

责任感，与压力成正比　　　　　　　084

判断力，清扫一切杂念　　　　　　　089

适应性，持续赢的能力　　　　　　　095

## 03 | 第三章 打造你的支持系统

满足内心需求,定制你的职场社交规则　　105

控场,展示你的社交面目　　113

有礼貌且让你有所收益的正向聊天法　　119

有效的帮助,关键是姿势　　127

有效的求助,是一场联谊　　133

不冲突不发怒,得体拒绝　　141

建立信任,丰满你的人际羽翼　　149

正面冲突,不卑不亢化解情绪攻击　　158

隐形攻击,确实是别人的错　　171

万变不离其宗的课题分离　　179

课题分离小练习　　181

## 04 第四章 让物质为心理需求服务

| | |
|---|---|
| 放下枷锁，遵从内心去工作 | 195 |
| 拓展"视野"，即放下执念 | 202 |
| 用"一碗水端平"汇聚他人善意 | 207 |
| 缓解焦虑，恰到好处的日程安排 | 214 |
| 社交增值，编织你的高质量关系网 | 222 |
| 组建专属的"正反馈"供应商 | 230 |
| 轻松有效地索求，满足自我 | 235 |
| 发展你的"+1技能"，饭碗越拿越稳 | 241 |
| **后记** | **247** |
| **参考文献** | **249** |

# 01

## 第一章　看懂情绪背后的心理动机

# 情绪是"邮差",内心需求是人生底色

我们首先来了解一下什么是情绪。

情绪几乎是最容易被察觉到的了解自我的入口。

很多人会说,情绪稳定的人,格局大、能成事、能抗压。别人呈现出来的情绪稳定是最终结果而已,强行学习情绪稳定就像读书时抄作业。学的时候觉得自己什么都懂,面对真实情况时,依然情绪失控。

这是因为我们常常只学到一点皮毛,没有触达自己的内心。彻底改变的第一步其实是自我觉察,意识到自己有了情绪,定义情绪的同时不评判,然后持续了解情绪背后的心理因素,最后才能开始改变,并且坚持下去。

所以,我希望在第一章帮助你从自己的角度,如何不带评判地去理解自己的情绪,为理解自己做好准备。

不带评判非常重要。在和团队、客户一起工作的时候,我发现夸赞或者贬低自己的情绪,都有可能出现长尾效应,带来额外的痛苦。

我打一个比喻来帮助你理解:**情绪是邮差,你是收信人。**

我们常常会用好、坏两个标准,给情绪贴标签。好的情绪出现了,比如开心、舒适、安全,会让我们很高兴,感觉自己特别棒。坏的情绪要是来了,比如生气、伤心、委屈、压抑、焦虑等,我们就会变得自责，我怎么连坏情绪都控制不了呢？有时候甚至进入一种套娃式循环，为自己的开心或者不开心而烦恼，继续为这种烦恼而烦恼。

如果用邮差来理解情绪，我们就会停下这种两极对立的贴标签做法。

"咚咚咚"，你听到敲门声，门外传来了声音："您好，我是负面情绪邮差，您的内心需求给你邮寄了一封信，请查收。"

内心需求为什么会找负面情绪来寄信呢？因为内心需求没有得到满足，希望你能在意识层面重视一下。

美国心理学家理查德·贝尔定义了情绪与内心需求的关系。他认为，情绪是我们对内心需求的反应，而内心需求是我们对自己、对别人的期待。

但是你的内心需求无法直接跟你的意识说话，就像藏在水面之下的冰山，很难被看见。于是，内心需求派出了负面情绪，寄出一封信，尝试跟你的意识对话，**希望你能帮忙回寄一个包裹，满足期待。**

意识是什么呢？意识是理智，是清醒，帮助我们完成每天的工作，好好生活，帮助我们保持体面。正因为理智带来这么多好处，我们会习惯压抑情绪、批评情绪，尤其是负面情绪，认为情绪是理智的对立面。

压抑情绪和管理情绪有很大的区别。

**压抑负面情绪，相当于认定邮差是坏人。**

"我要跟邮差决斗，血战到底！"一个负面情绪引起更多的反刍，内耗由此开始。

"我拒绝接收任何信，邮差全部消失吧！"否定负面情绪，导致情绪越积越多，最终爆仓。

"这些信定义了我是怎样的一个人，我太失败了。"只看到了邮差和包裹，没有注意到寄件人想要什么。

其实，邮差并没有失控，只是在帮助那个不会说话的内心需求，向你求助。

**管理情绪，相当于收件。**

"好的，我收到信了，你的工作完成了。我已经注意到这件事很重要，不用重复发送。"这就是觉察。

"我明白内心有个需求，寄件人是谁？"往前走一步，尝试自我探索。

"寄件人希望我回寄的包裹是什么呢？"确认自我需求，然后考虑如何去满足。

而**接纳情绪，则是掌握了主导权。**

"邮差本身不好也不坏，我不用对邮差生气，也不用吹捧邮差真好。邮差只是用寄信的方式来提醒我，来了一个需求。"

"这个需求是否合理、如何回应，我可以自己决定。"

清朝小说《官场现形记》里提到，"两国交兵，不斩来使"。因为传递信息的人并不决定局势的走向。情绪是一样的道理，跟情绪闹别扭，你就着了道了，会被情绪牵着鼻子走，成为情绪的奴隶。

在现实里，我们还有工作、社交、生活，很难每时每刻去照顾情绪。通常我们会用缓兵之计，假装看不见情绪，暂时缓和紧张的气氛。但是内心需求没有得到满足，依然会持续不断寄信。觉察自己的情绪，了解它们产生的原因，就能知道自己缺失什么、想要什么。这个时候，我们的行为不会让自己难过，内心需求的索取行为才有可能暂停。

比如有的人受到原生家庭带来的伤害。原生家庭很难被改变，但是我们可以觉察情绪，看看原生家庭导致内心缺失了什么，然后用其他方式去弥补这部分的缺失。当内心需求得到满足后，即便处于同样的情境中，焦虑、愤怒或者痛苦都会有所减少，面对突发情况，人也会冷静很多，这就是个人成长。

我会在本章讲如何看懂情绪这位邮差，通过"邮差"去了解自己的内心需求。就像收到微信信息一样，我们总得给内心需求一个交代，有来有往，内心需求才会安宁下来，情绪也会平稳下来。正如本节的标题，这份内心需求常常决定了我们的人生底色。看懂了自己，能做什么、不想做什么，心里都有数，不会再强迫自己跟别人一样，也不会嘀咕"为什么别人做得到而我不行"，坦然接受自己的独一无二。

后面几章我会告诉大家，如何从"职场"这个无法回避的场景里"薅羊毛"，把职场里碰到的人和事当作资源，去满足自己的内心需求。

现在，我们谈谈常见的几种负面情绪。你不需要把第一章所有内容看完，可以挑选自己最在乎的来看。看的时候边看边回想，当某种负面情绪出现了，当时的场景是怎样的，自己又有怎样的行为和想法。我会告诉你情绪出现的几种可能，以及探讨情绪背后的自我需求。

最重要的是**不去评判情绪的好坏**，这并不是考试，没有标准答案。

# 自我怀疑背后是渴望无条件被爱

"我原本以为自己不算差,但最近动摇了。"

## 感知分歧引起自我怀疑

阿猫一毕业就进入了大公司,虽然才工作了两三年,但是凭借好性格和好悟性,她的上司带她参与了几个大项目,岗位也不是闲职。

在大公司待得舒适,阿猫有了出去闯一下的想法,于是找我聊。跟阿猫聊天非常愉快。她阳光、自信、思维敏捷,不但有过硬的工作经验,而且有全局视野,逻辑清晰地对项目和市场进行了判断和复盘。

阿猫下定决心跳槽,投递简历,很快就收到了录用通知。她离开了大公司,打算出去试试。

两个星期后,阿猫主动找到我。她仿佛变了一个人,远没有以前自信,甚至不愿意承认自己实打实做出来的项目成绩:

"我之前的业绩都是靠运气吗?"

"新公司说我很差,我之前的自信,实际是自大吗?"

"新领导说我能力差,以前我觉得自己挺行的,但是现在我不确定了,我不敢做。"

"我以前的领导对我好也许是假的,其他公司肯定也不会让我过试用期。"

我意识到,阿猫在过去两个星期遭受了来自**权威的持续否定**,也就是新领导一直在打击她,这让阿猫很受伤,她的自我认同动摇了,失去了自信。这一次聊天也变成了安抚大会。

聊到最后,阿猫决定回旧公司上班,认为自己不适合往外闯。我安慰道:"休息一下对情绪更好。"

阿猫在试用期的遭遇,现在也被称为精神暴力。她持续遭受暴力,不断被否定,进而对自己的特点和能力都产生了怀疑。

不是所有否定都是精神暴力。**极端的分歧,加上持续否定,才会伤人**。阿猫收到的评价和之前的完全相反,而且新领导骂得那么狠。难道之前的评价和成绩,全都是假的?我不值得被夸,性格开朗是有罪?我为自己的潜力而骄傲也是错的?她原有的稳定的正向的"认知地图",被这些负面反馈打乱了(感知分歧理论,爱德华·托尔曼)。

看,阿猫对自己的认知和外部对她的评价产生了巨大的分歧。**个体对自身的感知和其他人识别自己的感知产生分歧,当分歧非常大的时候,就会引起我们的自我怀疑,自尊受到损害,变得不自信。**

我们看自己和别人看我们,有分歧是正常的。比如,我认为自己擅长设计手机,同事A认为我擅长设计智能手机,同事B认为我只是设计过手机并不是擅长,这些大抵在一个合理范围内。

结果同事C跳出来,说我设计过手机是撒谎,坚持认为我对设计一窍不通,设计过的手机是行业之耻,这个分歧就立大了,就会对我的自我认同有所动摇,我会怀疑自己:"C认为我的设计是行业之耻,是不是我真的做太差了?那其他人夸我,是真话还是假话?"

## 过度自我怀疑让人困顿

阿猫的变化，我总结下来有以下六种状况：

○沮丧，感觉自己不如别人。

○低估了自我价值，感觉自己没什么贡献。

○内心被评判占据，心里似乎有一个声音在大声骂她。

○低估他人对自己的评价。阿猫坚定地认为，过去别人对她的好不是真实的。我没有说她不适合，她也认为我说她很差，认定其他公司也会拒绝她。

○对工作失去了安全感，畏首畏尾。

○自信心不足，认为过去的成就跟自己的能力无关。

幸运的是，阿猫的老领导很看重她，重新招她回大公司。阿猫及时离开有毒的工作环境，再次获得认可，修正自我认同。

但是很多人不是阿猫，跳槽别说反复横跳了，常常是困在工作中，无法脱离。逃不开有毒的工作环境，自我怀疑会越扎越深，导致判断能力失灵，分辨不出哪些是客观事实，哪些是别人带有偏见的评判，哪些是自己的偏见。

大家可能在工作中注意到一种情况，有的同事听不得一个"不"字。常用的"先夸后说问题"的沟通方式也行不通。

比如，同事A提了一个方案，但是这个方案执行性一般，有好几个地方需要改。你如果跟A说，方案挺好的，但有几个地方要改。第一种情况，A会立刻情绪消沉，一言不发，不会回应你，也不愿意继续谈方案。

如果你追问A怎么想，A会说：我现在没有信心了，这个方案是错的，我没有能力做这件事。

A所说的话，就是自我怀疑扎根之后，内心的感受。似乎只有自己全盘正确，才有心理能量去继续社交、继续工作。被人指出瑕疵，不止意味着自己想出来的方案全盘失败，也意味着自己作为一个人全盘失败。

A的想法和之前做成了哪些工作没有关系，与你的鼓励也没有关系，而是A对自己的认同太少了，少到无法支撑自己去看到对与错之间的灰色地带。

第二种情况，A听了你提建议后，会过度补偿，坚持把方案做到无懈可击，加班到睡不着觉。到了执行阶段，A亲力亲为，拼了命要把方案执行到位。

第三种情况，A听了你提的建议后，发现同事B的方案跟你的建议很接近。这个发现不一定是真的，但是A坚持这么认为，而且觉得B是提前获得你的帮助，占尽便宜才能把方案写得那么好。

**同事A容易放弃、过度补偿、归因不公，都是自我怀疑影响了行为。**

适度的自我怀疑原本是理性的一种，可以避免我们变得狂妄和冲动。但是过犹不及，自我怀疑太多的话，我们会很难对真实情况有客观、准确的判断，内耗加剧，现实里也会做出一些别人不理解的行为。

## 自我怀疑背后的需求是无条件被爱

在导言里，我提到**激发我们情绪反应的事件，在心理学上称为"刺激"**。

并不是所有人被权威贬损后都会自我怀疑。有的人会变成刺猬，跟批评他的嘴臭的新领导对骂，维护正义，现在叫"整顿职场"；有的人会抑郁，失去动力，连跟人倾诉都做不到，只能夜里默默哭；有的人会变得跟新领导一样，到处去贬低、咒骂其他人；还有一种人，无论新领导怎么骂也没反应，该下班下班，该乐呵乐呵。

不同的反应意味着不同的人对"刺激"的理解。阿猫被贬低后开始自我怀疑，原因是她无法接受自己的不完美。

其实在我看来，阿猫确实能力很强，性格也很开朗，过去的业绩也是她打下来的。不只是我，阿猫的好友、上司、同事，都当面夸过她。

为什么这么多熟人持续地夸赞，抵不过一个陌生人两星期的贬低呢？不是阿猫看不起熟人或者熟人的夸赞不重要，而是阿猫不允许自己有一点瑕疵，**她希望自己是完美无瑕的，她的自我认同建立在完美之上。如果不完美，那么自我认同可能受到威胁。**

所以，当挑刺的声音出现，阿猫很容易自我怀疑。挑的刺是真是假不重要，"挑刺"这个动作足以让她难受。如果挑刺这种事发生在暗处，阿猫会更难过：是不是在自己看不见的地方，大家都聚在一起说我坏话了？

阿猫仿佛一个考试得满分才会得到爱的小孩，必须完美、必须得一百分，才会被人看见，被人认同。在阿猫的观念里，**自己的价值在于完美，所有夸赞和贬损都是功利的。**

这就解释了为什么一个贬损的声音能把其他人的赞美盖过去，因为在阿猫的心里，贬损的分量要重得多。她认为人理应做到完美，完美是做人的及格线，如果不完美，就会失去一切。与此同时，自己的成功和别人的夸赞又是事实，无法全盘否定。阿猫感到很矛盾，陷入"事实"与"反馈"打架的状态，也就是自我怀疑的状态。

我也由此反思，似乎我对阿猫的夸赞过度集中在她的成就和能力上，没有夸赞她的天然特质。很多时候，夸赞不需要拼搏或者完美才能获得，比如很简单的一句"跟你聊天很开心""看到你就会心情很好"，也能让对方感觉到价值感，感觉自己对其他人有所贡献。

"无所作为"的价值感不需要掏空自己去满足别人，存在本身就**有价值**，这个时候，夸赞和认同会摆脱功利性，回归人的本质。

当无条件的爱足够多的时候，阿猫就会明白过来，自己不完美也可以，有缺点不等于失去优点。有的人贬低她是别人的事，并不是她的问题。至于别人说的那些缺点，她改可以，不改也没问题，肯定有人认可她、爱她。

## 自我怀疑与自卑不一样

在之后的章节，我会谈到自卑。自我怀疑与自卑常常被混为一谈，我认为还是要区分一下。

**自我怀疑是个体对自身的感知和其他人识别自己的感知**，这两个感知产生了分歧，人的内心变得矛盾，不确信。比如我认为自己很行，很自信，但是别人说我不行，我不清楚自己到底行不行，于是变得没那么自信。

而自卑是这两个感知相一致，自己认为自己很差，也确信别人认为自己很差。自卑会让人非常疲惫，可能存在社交恐惧、社交焦虑、太敏感、太在乎别人的看法、常常尴尬、认为自己不值得等问题。

不同的情绪给我们打开了内心需求的大门，第二章、第三章、第四章节，都会提及如何满足需求，减少内耗。

另外，能提供无条件的爱的人，也可以称作**正反馈供应商**。什么样的人可以做正反馈供应商，给我们以力量？我们又如何找到他们呢？这些内容在第四章第六节会有详细的讨论。

# 被冒犯，源于心理边界的"表达"缺失

"为什么总是不顾及我的感受？凭什么不尊重我！"

## 常常涌上心头的小情绪

阿猫入职一年了，跟同事相处得还可以，但是有一件事总让她惦记。坐对面工位的阿狗对她很好，有时候阿猫工作出错了，阿狗也会打个掩护，帮忙改好。阿猫是新人，很感激她，只是心里总有件事：她们一起喝奶茶吃饭，阿狗总是赖账。

阿猫委婉地跟阿狗说了一下，想着阿狗总能听明白吧。阿狗答应了，但过后依然赖账。阿猫觉得自己很委屈，感觉自己吃亏了，于是跟另一个同事吐槽。同事就不理解了：多大点事啊，不至于。

阿猫一听，更委屈了。明明理亏的是阿狗，怎么在同事嘴里成了自己不对呢？

阿猫、阿狗、另一个同事，谁对谁错呢？

"你太敏感了。"

"你想太多了。"

"太矫情了吧。"

"别那么玻璃心。"

"有必要这么斤斤计较吗？"

以上这些话，相信很多人都听过。有的时候，我们会误解别人，确实是想多了，或者别人大咧咧的，心思没那么细腻，显得我们太计较。

然而除了误解以外，被得罪、被冒犯也是真实存在的。比如阿猫的情况，她感觉到的吃亏和委屈，都是源于没有被同事阿狗公平对待。我们在成长过程中常常听到有人说，"别人对你好，你也要对别人好"。于是，我们就有了一种预期，别人也是懂这个道理的，所以我对别人好，别人也理应对我好。

这个概念延伸开来，就是**我期待拥有对等的人际关系**。

对等的人际关系就是**我认为的付出等于收获**的关系。出问题的地方就在于**"我认为"**。每个人心中都有一个"付出等于收获"的天平，然而自己认为合理的天平，放到别人心里可能并不公平。

当这个天平被打破时，我们就会觉得别人对自己不好，不公平。

比如阿猫的例子，同事阿狗可能是神经大条，是记忆力不好，或者故意赖账。另一位同事认为这件事不至于，就是他心里的天平和阿猫不一样，觉得一点奶茶钱不重要。

## 被冒犯的方方面面

被冒犯是常见又容易有分歧的感受。同一件事情对不同的人来说，被冒犯的感受并不一致。也就是说，冒犯的标准很难统一。

这个轻量级的感受会在很多细碎场景里出现，比如两句很常见的话，一是**"他为什么不尊重我的感受"**，二是**"他凭什么这样对我"**。这两句话积攒多了，会让人放不下，心里总想着。

在这里我们要区分一下，被骚扰、被伤害、被骗钱，这些已经远远超过了冒犯的程度,有的还是违法行为。我所说的**冒犯是人际关系中自己认为不公平的待遇**。

下面我列举的一些场景,会让你想起工作上遇到的谁呢?我会留出一个空位给你写人名。这个人可能是你的领导、同事、下属,也可能是你的甲方、乙方、客户、合作方。

你可能越看越生气。如果太生气了,缓一缓再继续,也可以跳过这个部分。

**场景1:**

我勤勤恳恳加班赶进度,累点没关系,多赚点就行。平时挺和善的(　　),这次却没有关心我加班累不累,过后也没给我调休,就连加班费还是我主动问过后才有。他/她怎么看不见我的付出呢?

**场景2:**

(　　)一点都不懂业务,提的要求也含含糊糊,话都讲不清楚。我通过自己查行业资料,绞尽脑汁去推测,好不容易猜中了(　　)想要什么,写出了方案。他/她对方案很满意,但经常在凌晨给我发微信,催我完成进度。有必要这么为难人吗?

**场景3:**

(　　)粗心大意,写的文件总有些小错误,会喊我帮忙检查一下。其实我不想管,又不好意思拒绝,但是帮忙查出来后,(　　)只会说谢谢,跟领导汇报的时候完全不提我,过后也没请我吃饭。我感觉被利用了,他/她摆明了是抢我功劳啊。

**场景4:**

我是一个善于为别人考虑的人。(　　)周末加班,我取消了出去玩的计划,专门去公司陪他/她,我还请他/她吃饭。没想到,(　　)竟然觉得我烦,冲我发脾气。这人也太以怨报德了,我付出这么多,成肉包子打狗了。

**场景5：**

（　　）总是听不懂人话，笨笨的。我只好耐着性子一步一步教，要是我来干，早做完了。收到成品我傻眼了，（　　）完全没按照沟通的要求去做，就像跟我对着干似的。这工作态度，摆明是要我啊。

**场景6：**

认识（　　）有一段时间了。这个人什么都好，就是太八卦。我今天穿什么鞋子、多少钱，我午饭吃什么，各种琐事都打听。我们只是普通同事，没必要跟查户口似的天天问吧，真是莫名其妙。

这些场景全部来自真实案例。可以看到，"被冒犯"这种感觉会发生在不同关系的人之间，生气不至于，但就是浑身不自在。我无法在这里列举所有的场景，但希望通过这些例子，帮助你觉察情绪，并且回答以下三个问题：

○你一直忘不掉的，让你不爽但又不至于生气的场景是什么？
○让你不爽的人跟你是什么关系？
○对方做了什么让你不爽？

偶有被冒犯是正常的，因为每个人的观念不一样，有的人考虑事情不周到，社交技能不成熟，就会冒犯到别人。别人为什么冒犯你，这是别人的事，也可能是别人父母的事，但我们这些外人是管不了的。

我建议你多在乎一下自己，把注意力拉回到自己身上，进一步思考：为什么这件事会让自己感觉被冒犯？

## 被理解与被照顾

就像我在本章第一节里提到的，情绪只是一位邮差。当邮差送出一份写着"被冒犯"的信件时，我们就要解读一下了。

三毛有一句话很好地描述了这种感觉："心里好似要向一件事情去妥协，而又那么的不快乐。"

这种感觉也叫委屈。**委屈来自一个词——"应该"**。

比如，学生**应该**好好学习，父母**应该**为孩子考虑一切，打工人**应该**完成分内事。

"应该"这个词，就藏着我们默认的处事规则，而且我们会认为其他人也执行这套规则。当一个人做了"不应该"的事情，或者"应该"做的事没做，我们就会觉得这个人不对劲。这种反常行为，我们很容易误解为别人针对自己。

人跟人之间偶有误会很正常，我们都有自己的一套规则，判定不同难免有分歧。然而，常常感到委屈，觉得别人故意让自己不开心，可能需要了解一下，这种情绪背后的需求是什么。

比如上文提到的，同事对你过于关注，跟查户口一样问东问西。这是有地域特色、家庭特色的习惯差异。打听别人的隐私、干涉别人的私生活，在有的人眼里是亲近的意思，是在表达喜欢你：你不是外人。但是在有的人眼里，这是非常不礼貌的行为，于是冷漠对待，甚至嘲讽。

"你管那么多干吗，很闲吗？"

"我是关心你！"

双方没犯什么大错，也没有坏心肠，但是关系变尴尬了。双方都按照自己的规则去做事，然而心理边界不同，发生了碰撞，最终觉得自己的善意被当成了恶意。这里的需求是**被理解**，希望别人自动能理解、明白我的社交边界是什么，并且按照我的社交边界来相处。

再比如，很多人认为我迁就别人，别人也应该迁就我。当别人没有换位思考的时候，就会失望。

"我对他/她那么好，让步了那么多，凭什么不考虑我的感受啊！"

"这人太自私了，不识好歹。"

这种埋怨是职场上最常看到的矛盾。内部合作、跨部门合作、对外合作，大家都没有原则性错误，却常常认为对方不为自己考虑而心生怨气，沟通也变得情绪化，陷入毫无意义的拉扯中。

这里的需求是**被照顾**，希望通过交易的方式，先给出一份"照顾"，"购买"别人对我的照顾和迁就。

我们都知道，人性是自私的，会更关注跟自身有关的事。非亲非故，要求别人理解自己、迁就自己，合理吗？别人的处事规则是怎样的？和我的规则完全一样吗？规则不同的人，如何合作呢？

答案很简单：表达。

## 心理边界必须被"表达"

我所说的表达包括言行两个方面。

**言，即讲清楚边界；行，即执行边界。**

别人冒犯到我们、让我们感到委屈的时候，正是我们的心理边界现形的时候。心理边界像通了电的栅栏，平时安安静静，被触碰到了才会发出"嗞啦"一声，把人电得难受。

趁此机会，我们可以反问自己两个问题：

○我想被怎样对待？

○我不想被怎样对待？

然后再问一个问题：

○怎样让对方知道？

第一个第二个问题是你要表达的内容，边界到底是什么，第三个问题，是你表达的方式。

最好的表达方式是，**不带评判地说出想要和不想要的，行动与说话的内容相一致**。表达清晰、言行一致，别人才会明白我们的边界不是开玩笑，需要被尊重。

这只是一个理论策略，怎样落实到工作里呢？如果碰到不讲理的人，就要踩我们的边界怎么办？

表达是个需要不断练习的技术活。本书第三章第一节，会从内心上教你建立自己的边界；第三章第二节，则是设计好的对外表达边界。整个第三章会告诉你，怎样在职场里全方位凸显你的心理边界，如何巩固这项技能。

**希望你能写一写刚才提及的三个问题，尝试看到自己情绪背后的需求，这对于后面的步骤来说非常重要。**

## 委屈与愤怒的关系

愤怒是比委屈更浓烈的一种情绪。

委屈是延绵在自己内心的不满、埋怨，但不会感觉痛苦。

愤怒是对外发起攻击，有可能是因为害怕，有可能是因为遭到严重伤害。愤怒对身体健康的影响更大，下一节会专门谈谈愤怒。

遭遇不同，我们的情绪会有差异，与此同时，每个人的反应也有差别。有的人即便受到很大的伤害，依然只是感到委屈，无法愤怒，只能憋在心里，既说不出口，也无法维护自己。

有的人受了委屈，会无法控制地愤怒，而且持续、反复生气。

如果你感到痛苦，无法控制这些负面情绪的发生，而且为此失眠了一段时间，我建议你见一见三甲医院的睡眠科或精神科医生。

# 愤怒者都在维护心中的正义

"老虎不发威,你当我是病猫啊?"

## 为自己而战

阿猫常常因为自己脾气暴躁而内疚。

前几天快下班的时候,领导临时派了一个新任务。他担心阿猫不熟悉,絮絮叨叨说了很多。但是阿猫急着回家吃饭,今晚妈妈做了最拿手的焖猪蹄。阿猫烦躁得很,眉头皱了起来,拳头也握紧了。她大声质问领导:"既然这个任务这么重要,为什么不早点安排?明天说不行吗?"

领导先是一愣,然后生气了。新任务明明是个好差事,自己好心提点反被骂。领导憋不住,嗓门也大了起来,跟阿猫吵了一架,最后两人不欢而散。阿猫回家吃饭也吃不香,晚上也失眠了,后悔自己太冲动。

阿猫告诉我,这位领导很宽容,不会给她穿小鞋,但是她很讨厌自己容易生气,希望对别人能温柔一些。

我安慰阿猫:重视愤怒非常好,**愤怒是值得被重视的情绪,愤怒没有错**,不需要因为生气而自责。

弗洛伊德在他的书中定义了愤怒："一种抗拒性的情绪，它可以是对自身或他人的攻击，也可以是对自身或他人的拒绝。"

愤怒可以引起二级情绪模式，不过为了方便理解和讨论，在这本书里，我把攻击自己造成的情绪和二级情绪模式做了更细致的分类，仅仅保留"对外释放攻击性"在这一节里讨论。

锐气、杠精、戾气、棱角、野性，这些带有攻击性的特质都与愤怒有关。可以看到，愤怒不是只有坏处，有的时候还会形成个人风格，甚至个人魅力。

实际上，愤怒作为正常生理反应之一，是我们人类的保护机制，帮助我们的祖先活了下来。**当人遇到了危险，就会保护自己，愤怒正是进入攻击状态的标志**。原始人击退野兽，现代人赶走插队的人，本质上来说都是发起攻击。

文明社会没有那么多"不战即死"的危急时刻，那么，没有生命危险时依然愤怒，很值得探究：

○表达愤怒有什么用？

○愤怒背后的需求是什么？

在回答问题之前，先来了解一下职场上的愤怒是什么样的。

职场上的愤怒和生活里、亲密关系里的愤怒很不一样。工作涉及利益，我们会有更大的动力去压抑自己的本能，隐藏自己真正的想法。

**直接攻击**是指通过肢体、语言、表情等方式直接表达愤怒。直接攻击在职场上不多见。仔细想想，如果一个人天天在公司摔东西、拍桌子、骂粗话、大嗓门、满脸狰狞，同事和领导会更信任他，还是感到害怕呢？

我们能观察到的是，打工人看在工资的份儿上常常敢怒不敢言，压抑愤怒。领导或者老板善于在职场表达愤怒，但程度比不上他们在家里发的脾气。

现实一点的原因是，直接攻击在职场上不一定奏效，还可能坏事。所以，大部分人憋不住的时候会选择另一种攻击方法：隐形攻击。

隐形攻击不动手也不讲脏话，似乎很文明，但一定让人难受。指桑骂槐、阴阳怪气、穿小鞋、打小报告、抢功劳、讲大道理，都属于此类。

不论是哪一种形式，只要能承担后果，问题都不大。**愤怒是最为强烈的边界表达**，是在告诉别人："你踩到我的底线了！你给我停下！"

前面几节我们一直在谈边界和自我，而愤怒如此显眼，是了解自己的边界并设置边界的好抓手。

## 看见自己的边界

情绪管理是近几年很热的词，不过有很多误解，认为管理情绪就是消灭或者制止不良情绪。

愤怒作为人的本能之一，跟吃喝拉撒这些生理需求一样，要得到表达。被表达、被看见以后，愤怒才会平息。如果持续限制自己表达愤怒，我们的心理和生理上都会出现一些症状。网上有句玩笑话，"退一步海阔天空，进一步乳腺结节"，说的正是持续愤怒对身体的伤害。

与其把愤怒称为一个怪兽，不如试着把愤怒看成一个工具。我们可以通过愤怒这个"工具"，看见自己的边界。当边界越来越清晰，我们就会对自己的社交规则有更充分的把握，不需要发怒也能让别人遵守我们的社交边界，重构身边的世界。

建立社交规则的方法,我会在第三章做详细的论述。

要想通过愤怒来看见自己的边界,首先要学会识别愤怒信号,回忆和体验是常用的练习办法。我们可以从四个方面去练习,提高自己的觉察能力。

### 一、躯体反应

身体的感觉,比如手发凉,后背直冒冷汗,脸感觉很热。这些都是身体在告诉你,你生气了。

### 二、觉察感受

以阿猫和领导吵架为例。他们在说出伤人的话之前,心里就已经有了愤怒的感受。

阿猫感到烦躁、着急,领导是失望、委屈。除此之外,沮丧、被背叛、被拒绝、嫉妒等,都可以是愤怒当下的感受。

要学会命名这些感受。

### 三、内心批判

批判就是我们认为的对与错。

比如阿猫觉得领导不讲道理,事情应该往前做,领导太笨了。对人和事进行评判的时候,这些判断有可能是理性客观的,也有可能是气头上的想法。重要的是,我们要觉察到自己正在进行评判这个动作。

### 四、一言一行

前三个方面只有我们自己知道,第四项是我们对外表达愤怒。说出伤人的话、握紧拳头、皱眉、翻白眼,这些都是愤怒的信号。

经过练习,言行可能被控制住,但是前三个方面近乎本能反应,几乎无法控制。不要担心,我们不需要控制它,我们需要的是捕捉到这些本能信号,去了解自己在怎样的情境下会愤怒。

当我们知道自己是被什么样的事情触发了愤怒,就有机会进行自我对话，了解自己的内心需求。

有很多网友会分享"吵架话术"，不少人看了都觉得很爽。我仔细去看这些话，所谓的吵架实质上是一种表达技巧，是**通过表达自我需求的方式去拒绝别人的不合理要求**。

每一个人都可以从自身需求出发，去掌握这项技巧。依然**使用自我对话**，向自己发问：愤怒是因为什么？

比如阿猫的例子，她可以问自己，愤怒的原因是什么？最明显的原因是自己不满意领导在快下班的时候安排一个新的任务，而且话太多，导致回家晚了。这个原因还不够，我们帮阿猫列一个自我对话的提问清单。

○ 是新的任务让你愤怒？是领导教你做事情让你愤怒？还是晚回家让你愤怒？

○ 压死骆驼的最后一根稻草是什么？

○ 是哪一句话、哪一件事彻底点燃了怒火？

○ 如果是你来做，会如何改善做法？

○ 如果你有更好的方案，那如何让别人按照你的期待去完成？

○ 对方有没有自己的期待？

○ 对方的期待是什么？

○ 对方有没有考虑你的期待？

○ 如果对方就是很笨，做不到换位思考，你如何让对方替你考虑？

如果自我对话发生在吵架之前，阿猫有足够的时间从愤怒开始，对自己进行梳理，她会更容易用一种平静的态度向领导提要求："领导，我听明白了，您派给我的新任务非常棒。我也发现您想帮我，我很感激。但是我家里有点事，我着急回家，可不可以明天或者后天我跟您约一个时间，向您请教？"

几句话，领导感觉自己的心意得到了阿猫的认同，阿猫也可以很快回家，二人也没有吵架。

阿猫的说法表达了自己的边界：家事比工作更重要。

领导听完也就明白：哦，其实只要不触犯这一条，都好说。

一定有人会问，这么分析是马后炮，因为道理都懂，但就是做不到。

行动跟不上道理是有原因的，**我们缺乏熟练的情绪表达，导致没有形成良好的认知行为的循环。**

## 生疏的情绪表达

有朋友问我，学会高情商的沟通方式是不是就不会吵架了？

高情商的人不是强迫自己理性，也是有底线、会生气的，不过更容易接纳自己的情绪，也擅长表达情绪，做到社交时体谅别人，让别人体谅自己，尊重别人，也不损害自己的尊严。

试着回想生活和工作里一些愤怒的场景，如果有高情商的沟通技巧，似乎可以和平解决。但是，我们明知道有更好的沟通方式，依然选择愤怒，这是因为我们从小到大都被长辈告诫"生气是糟糕的""生气是没有教养的""你要乖，要听话"。

于是，我们就学习到愤怒是必须被压抑的情绪，我们要排斥它，把这个要求当作好人与坏人的判断标准。我们学会了回避愤怒，从来没学会如何面对。一旦我们想让别人知道我们有多愤怒、对方有多过分的时候，很容易就被愤怒这种情绪所驾驭，而没有办法去表达、协调和适应。

我们表达愤怒的目的是希望别人停止伤害，还有一个目的是用最强烈的方式告诉对方，请在乎我的感受。这也是**愤怒背后的内心需**

求：请你在乎我。

有一本书叫《与内心的自我对话》,讲的就是愤怒的不同表达类型。如果在第一次表达愤怒时,得到了一个正反馈,比如别人说:"我意识到你现在非常生气,是我哪里做得不对吗?请你告诉我。"这样的一个正反馈会让我们感受到,自己的愤怒被对方接收到了,"请你在乎我"的需求也被别人满足了,情绪自然就会平复下来。

如果我们在第一次表达愤怒后,对方维持原样,我们会认为对方仍在继续伤害,愤怒就会持续叠加下去,我们会越来越生气。

而我们对不同的人,"在乎"的要求会完全不一样。同样的一句话,不同的人去说,我们的感受会有很大的差别。比如:"你怎么这么笨呢?"

如果这句话是父母或者领导说,你会觉得这是一个不好的评价;如果这句话是伴侣说,而且是带着笑意地摸摸头,你会觉得这是打情骂俏;如果对方是个不熟悉的邻居,你会觉得被冒犯。

我们对不同的人有不同需求,影响因素有两个,一是权力的高低。权力位置高的人,我们更愿意被他们冒犯;权力位置平等或者低于我们的人,我们会需要他们更多的尊重。二是关系的亲疏。对不熟悉的人,我们的需求是良好的社交礼仪;对亲近、信任的人,我们的要求是逾越界线、呵护、照顾和保护。

当对应的人没有满足对应的需求的时候,我们就会愤怒。在职场上表达愤怒,特别适合用**非暴力沟通法**:

我观察到你做了(＿＿＿＿＿＿)的事情;

你做的事情让我感到(＿＿＿＿＿＿)的情绪;

我想要的是(＿＿＿＿＿＿);

我希望你能做到(＿＿＿＿＿＿)。

我经常在职场上使用这套方法,也推荐朋友们使用,效果很不错。职场上表达愤怒，带有拒绝的意味，但更重要的是求同。职场人都是奔着利益去的，不需要争出个输赢，求同才是共赢。

兼顾大家的需求，找到一个共同的目标，那么，误解和各方的不满意都会平息下来。换一个说法，当目标一致且足够大的时候，其他人就算有一些不满意，也能忍下来继续推进，工作会顺利很多。

在之后的章节，我会列举具体场景里的解决办法。这些解决办法既能表达情绪，也能表达边界。表达情绪和表达边界的目的略有不同。**表达情绪是希望对方在乎你的感受，表达边界是希望对方遵守你的规则**。我们要做的是给别人提供一本说明书，让对方知道如何与我们相处。

## 愤怒的注意事项

我们可能需要花费一些功夫调整对愤怒的评价。**愤怒不需要消灭，不需要被压抑，也不需要被解决，需要被自己和被别人谅解。**

总有人说，职场里的情绪不重要，因为大家都很冷漠。但是换一个角度，我们拿了公司的工资，同事突然要我们承受他的负面情绪，挤占我们的工作时间，你会愿意吗？你拿到手的工资，需要承担这部分的责任吗？

同样的事情，我们很难要求别人为我们去付出。所以我们确实需要降低在职场得到情绪安抚的期待，与此同时，我们要找到职场外的**支持系统**，或者找到职场外的**情绪宣泄渠道**，来安抚我们的情绪。

别人提出无理要求、遭遇正面冲突、遇到背后插刀的小人，这些情况，怎样才能不愤怒地去面对？第三章的第六、第八、第九节，会有具体的心理调适和应对策略。

至于职场外的支持系统，怎样才算得上支持？如何去建立社会支持系统？第四章的第六、第七节，会展开讨论。

那么，职场外的情绪宣泄渠道有哪些？第四章的第四节中，会有答案。

当我们谅解了自己的愤怒，会对自己有更正面的评价；当别人谅解了我们的愤怒，会感觉到自己被包容和理解，不会引起更多的敌意。

尽管愤怒是一种正常的情绪，但是愤怒依然有损健康。如果常常愤怒、晚上失眠、总是反复回想，这种情况持续半年的话，就需要向心理咨询师或者三甲医院的睡眠科或精神科医生寻求帮助了。

# 焦虑者的"好学生心态"

"我总担心自己做得不够多、不够好、不够快。"

## 焦虑如空气

明天,阿猫要向管理层做一个公开汇报。这次机会很难得,大领导在场,而且是自己带得很不错的项目。阿猫觉得,汇报做好了,升职涨薪就有底气了。

但是阿猫忍不住想:"万一我明天忘词了呢?万一大领导问的问题,我答不上呢?万一其他同事刁难我呢?万一其他人的项目完成得比我好呢?"

越想越糟糕,阿猫最终失眠了。第二天的汇报,阿猫说话磕磕绊绊,还不如平时给下属安排工作流利。阿猫对自己很失望,觉得自己很失败。

阿猫的这个故事,原型来自我的客户、团队等不同的人。但不论性别、年纪、行业还是岗位,大家的焦虑表述中都有相似的几个元素:未来发生的事、自我批判、负面评价、失去控制、无法解决困难的恐惧。

弗洛伊德将焦虑定义为**"不确定的恐惧"**。在心理学中,焦虑是一个大分类，毕竟我们能确定的事情非常少，不确定的事情非常多，这就导致**焦虑是常见的情绪之一**。焦虑常见，但并不是所有情绪的终点，它可以引起二级、三级情绪，也可以由其他情绪引起，互为因果。

与愤怒一样，焦虑也是我们的本能情绪之一。如果说愤怒保护了我们的生存，那么焦虑能推进我们的发展，去探索一个又一个未知领域，渴望把未知变成已知。

因此，焦虑情绪既有好处也有坏处，不适合片面地去评判。另外，**焦虑情绪不等于焦虑病症**，只要生活和工作没有受到影响，那么有就有了，无须改变。

如果确实想减少自己的焦虑情绪，或者改变自己看待焦虑的态度，那么我们可以顺着**内在情感逻辑**，了解一下自己。

## "好学生心态"

我在前文有提到，情绪是对刺激的"反应"。与其他情绪不同的是，**焦虑是预期情绪**，即刺激事件尚未发生，焦虑提前出现了。

然而正像巴甫洛夫的狗，情绪也形成条件反射。碰到相似的事件时，相似的感受和想法会被激发，最终出现一致的反应。这也是我不断提及的认知行为基础模型。当我们深入了解自己在哪些时刻、怎样的事件中，会出现哪种情绪，就可以看清自己的内在情感逻辑。

现在很多人认为，焦虑是不好的，但作为一种正常情绪，焦虑在实际工作和生活中发挥了非常多的正面作用。

比如，担心考试会考砸的学生，会努力学习；担心自己做饭不好吃，提前看好菜谱做准备；担心自己会被辞退，没有收入，努力做好工作。

当我们担心未来的事情会"不够完美"的时候，就会努力去改变当下，以做好准备迎接挑战。焦虑的好处显而易见：**风险控制**，避免陷入困境；**精益求精**，得到能力范围内最好的结果。

有一个说法是，抑郁面向过去，焦虑面向未来。我们对自己进行一些提问后会发现，**焦虑的实质是结果导向**，为结果没达到60分而担心和紧张，等结果达到了60分，又为自己没达到80分而紧张，周而复始。

这跟工作里的KPI、OKR等绩效考核的办法非常相似。每个人对考核及格线的标准都不同。有的人可以坦然接受60分；有的人只能接受80分；有的人会把及格线直接等同于满分线，只要有一点扣分，就会焦虑；还有的人，即便已经满分，还想拿下附加题。

绩效考核会给人带来压力。如果一份工作钱多、事少、离家近，还没有太多要求，那么我们懈怠一点也没什么。如果一份工作要写周报、月报、各类报告，所有报告都要求你检讨自己哪里做得不够、做完的事情有多不好，那么我们的焦虑、对自己的评价，都会变得不好。

道理很好懂，似乎把及格线降低一点就能让自己松口气，不那么焦虑。但是当这个要求放到现实里，会变成一个不小的挑战。

我有几个具有挑战性的问题：
○ 不达标会怎样？
○ 其他人不达标的时候会怎样？
○ 这个标准是谁来定的？

在回答第一个问题的时候，很多人会描述自己的担心、紧张、恐惧，有的人会有躯体反应。这个问题会让人重新回到焦虑的时刻，唤起相应的感受。

第二个问题，尝试从另一个角度去看待不达标的情况，提供可能性。别人的做法能等同于自己的可能性吗？不一定。我们完全可以说，我是负责人，我不达标很要命；别人是实习生，他不达标无所谓。那么，差不多层级的人有没有？更高一级、更厉害的人有没有？他们的可能性是什么？他们的做法是否更值得参考呢？

第三个问题，找权威。为什么要对自己那么苛刻呢？是谁制定了无法企及的标准？是谁让我对自己那么苛刻呢？

很多人反感第三个问题，说这个是自己对自己的要求。实际上，我们并不会天生对自己提出如此细化的社会化要求，都是后天习得而来。**制定标准的就是"超我"**。有一些人的心目中，这个超我可能是某一个具体的人。这位重要他人持续不断地跟你说，你这样做不可以，你应该怎么样。有的人甚至在自我批判的时候，脑海中浮现出重要他人的声音，内摄了他人的评判标准。

其他人的评判标准仿佛一场考试，而我们像一个时刻在考试的好学生，为了及格不断努力。我们十分恐惧不及格的后果，只要一想到自己可能不及格，就会批评自己。

为了迎合某一个标准不惜自我否定的思维模式，也被称为"好学生心态"。这是一个网络用词，并不是一个心理学定义，然而非常准确地描述了中国乖孩子们焦虑背后的需求：**渴望掌控未知，满足自己的控制欲**。

尽管焦虑可以推动进步，但过度的焦虑会带来伤害。习惯性的自我批判，可能导向自我否定，不断叠加，形成新一轮的焦虑和其他情绪。

接下来我们聊一聊，与焦虑共处的办法。

## 给情绪起名字

工作场合里的焦虑分为两种：**工作焦虑，人际焦虑。**

工作焦虑涉及我们的职场底气，包括业务能力、职业前程、财富、荣誉感、危机应对。如果业务能力非常强，事业欣欣向荣，钱赚了不少，自己名声也好，而且没有突如其来的危机，焦虑肯定就少了。但这样完美的情况非常罕见。

我们这些凡人，还是会为工作本身而焦虑。

人际焦虑是情绪劳动中占比非常大的组成部分。

我们要应对三类关系：**与同事、上司的关系，公司内部和公司外部的关系，私人关系和工作关系。**

同事、上司这两个关系好理解。跟同事相处得很好，跟同事吵架撕破脸，跟同事像陌路人，这三种情况都有可能给不同的人带来焦虑。如何与上司适度打交道，不会说错话做错事，也是一大焦虑来源。

至于公司内部和公司外部的关系，业务岗体会更深。比如在推进项目的时候，公司内部卡流程。或者公司外部对接的业务，公司内部不认可，把项目搅黄了。还有更气人的，自己辛辛苦苦做起来的外部项目，公司内部擅自把你换走。有的时候，公司内部和外部同时对你实施情绪打压，两头都讨不着好，又必须硬着头皮干，这些都会造成人际焦虑。

最后一类私人关系和工作关系，是最不好相处的。没有一本书能够讲明白，如何分清交情和公事。有的人认为职场无朋友，但实际上人心是肉长的，很多工作能办成，确实靠人情。而且人跟人相处，如果聊得来，很容易感情深，这些事情都是基于人性，没有标准答案。这就导致在人际关系这张成绩单上及格分数线是多少，我们永远不知道。

在这里我建议你可以尝试**给情绪起名字**,特别适合在焦虑和愤怒时使用。命名情绪也是情绪管理中常用的方法之一。

我来举个例子:

阿猫跟我诉说她的焦虑时,一开始只有很模糊的描述,比如我不开心,我睡不着,我不舒服。

模糊表达不利于自我觉察,这时候就可以为情绪命名。于是我问阿猫以下问题:

○可以形容一下,是怎样的不开心吗?

○如果把不开心比喻成一种动物,会是什么样的动物?

○这个动物在什么时候会出现?

○你跟动物相处的时候,你有什么感受?

○你希望这个动物变成什么样?

○怎样做可以让动物变成你期待的样子?

我们把"不开心"看作一个实体,让情绪暂时与阿猫分开,阿猫就有机会好好地理解自己的情绪,共情自己,并且看到了改变的可能性。焦虑背后的需求是拥有掌控感。当我们拥有了改变的办法时,掌控感就回来了。

这份掌控感不会一下子很充沛,但是你会感觉有了方向,有了头绪,可以去试一试。大不了回到原地而已。

除了把情绪命名为动物,蒂凡尼·瓦特·史密斯的《情绪之书》也提供了很多情绪词汇,可以帮助我们拓展思路,更好地觉察。

## "知道"与"做到"的桥梁是体验

现在回答最难的问题:道理我都懂,为什么我做不到?

答案也很简单：因为**缺乏体验**。

我依然用考试来举例子。课本上有数学公式，但是只用课本上的数学公式去参加高考，能考到高分吗？非常难。因为课本之外还有推导公式，以及各种已有模板的计算题、应用题。要想考出好成绩，学生就需要做各种习题、听老师讲解，还要大考、小考、模拟考，锻炼心态。

**练习的过程，就叫体验。**

回到问题本身，我知道焦虑不好，我知道要跟情绪相处，为什么我没有办法跟情绪相处？因为缺乏练习，缺乏体验情绪本身。

刚才所说的命名情绪的流程，就是了解情绪、与情绪相处的过程。

了解情绪后，无须评判，把情绪这只小动物，放在那里就可以了。

与情绪相处要大量的练习，听起来要耗费很多时间，但好处是，你可以静悄悄地练习，没有人知道你练了多久。

你可能觉得，为什么我练习了这么久还会自我批判，有点泄气。然而，量变会引起质变，改变会来得很突然。

在第二章第一节，我会展开说一说在职场环境中如何停止自我批评、如何肯定自我。

在第四章第四节，会专注讨论缓解焦虑的具体办法。

# 发言紧张，心中有"怪物"

"我说了这么蠢的话，一定会被看不起吧！"

## 我一说话就有罪

阿猫最近碰到了新情况。给团队开会的时候，阿猫特别紧张。明明是驾轻就熟的工作，就是莫名其妙地担心自己会说错话，觉得自己的安排没办法让所有人满意，所以下属们可能讨厌她。

阿猫说，这只是第一层烦恼。第二层烦恼是，当她感觉到自己被下属讨厌的时候，就会变得生气，忍不住会骂人，跟团队其他人起争执。

阿猫性格虽然强势，但内心很善良，她知道自己不应该生气，也讨厌自己跟其他人吵架。她希望对别人好，但不知道怎么改变。

我们来看看这个故事中包含了哪些元素。

○场景

只有在一个特定的场景才会触发阿猫，那就是"作为领导在部门会议上公开对下属进行日常工作安排"。

○人数

阿猫在公开安排工作时会担心自己说错话，私下则没有问题。

○高要求

她认为自己的安排没办法让所有人满意,也就是说,阿猫认为自己必须让所有人满意,且坚信自己不可能让所有人满意。

○极端推断

阿猫从自己的判断里,推断出所有下属都讨厌她。

○反应

阿猫一想到自己被人讨厌就生气,觉得其他人对待自己不公平,于是她开始骂人,散发攻击性,想制止别人的恶意。

○情绪反刍

阿猫非常讨厌自己的不自信和攻击性,出现自责。

最重要的一点是,阿猫以前好好的,最近才出现问题。根据以上提到的六个方面,阿猫回忆起了最近发生的事情,导致自己出现了判断偏差。然后,她就可以任选一个或者多个环节对自己进行干预,有效改变自己的感受和行为。

不管是突然变得发言紧张,还是一直发言紧张,这个行为背后都有一个内心需求。当内心需求得不到满足时,人的行为就会有所反应。

接下来我们来探索一下,有哪些元素会导致人紧张?发言紧张背后的内心需求是什么?

## 激发紧张的元素

发言紧张是一个正常反应。

社交能力很强的人上台演讲或者表演之前,都需要调整自己,鼓鼓劲儿,进入状态,才能登台。登台不怯场反而亢奋的人并不多,可以说这少部分人是为舞台而生,就是吃这碗饭的。

没有这个天赋的普通人，常常被某一些特定元素激发了紧张。比如阿猫的故事当中，六个元素都有可能激发她的紧张。

然而，每个人被激发的元素并不相同。有一些很细微的元素也会让人紧张，比如，空气的味道、灯光的强弱、衣服是否舒适、其他人的精神面貌，甚至PPT有没有错字等，任何细枝末节都有可能成为激发紧张的元素。

而这些元素，其他人很难理解：这有什么好在意的？不管不就好了？

情绪被理解是很奢侈的要求，我们还是回到自己身上，尝试理解自己，完成觉察。

不论激发紧张的元素是什么，我们都会有一个情感逻辑，把某一个特定元素导向一个后果，这个后果非常可怕，我们无法承担也无法解决，由此激发了某种情绪。

这并不是我们主动完成的流程，而是心理上自动推进的因果关系。我暂且把可怕的后果称为"怪物"。在自动推进的因果关系中，我们坚信自己没做好的时候，就会被"怪物"伤害。"怪物"如此强大，我们没有办法反击，也没有力量保护自己。

当这个因果关系形成了以后，公开发言给了"怪物"伤害我们的机会，自然就紧张了。

我看过各种支着儿，比如把其他人想象成萝卜、白菜；或者变成评委，演讲时在内心点评其他人的衣着、外貌、坐姿。

我相信方法有很多，核心在于一点：**消解他人的反馈对自己的影响。**

公开发言中的紧张情绪往往来自别人的反馈。回想一下自己的公开发言：

〇自己没发挥好，会给其他人留下坏印象吗？

○印象不好是"失败"吗？

○这一次印象不好，会影响往后的工作吗？

○印象不好有没有挽救的办法？

○发言没做好，把工作做好也没用吗？

这些问题，前几个是逻辑滑坡，把一件小事推向了极端的后果猜测，后几个是考虑可能性，削弱极端猜测的伤害。

小结一下，短效解决发言紧张的办法有，一是削弱其他人的"评审权"，二是反复对自己强调解决问题的可能性。

适度的发言紧张不是大问题，掌握技巧应对过去就可以了。如果像阿猫一样很惊恐，做了一些自己认为过分的行为，过后又自责，非常想解决这个问题，那么，需要往深走一步，了解背后的内心需求。

## 被惩罚的那个我

在继续探索之前，我想先聊一个心理学实验：婴儿的恐惧是如何形成条件反射的。

1920年，早期行为主义心理学的代表人物华生，对一个9个月大的婴儿进行有关情绪因果的实验。实验刚开始，将一只小白鼠放在婴儿身边，婴儿一点都不害怕。当婴儿想去摸小白鼠的时候，研究者敲击金属，发出巨响，把婴儿吓得打战。

婴儿被吓了几次以后，只要见着小白鼠就会哭。小白鼠等于巨响，巨响等于吓人，所以小白鼠等于吓人。这个因果关系在孩子脑海里形成了强烈的记忆，后来还有所延伸。小婴儿后来对其他毛茸茸的东西，包括兔子、狗、皮大衣、娃娃等，都产生了恐惧。

跟这个可怜的婴儿一样，伤害我们的"怪物"很有可能来自我们曾经受到过的惊吓。换句话说，吓人的并不是公开发言本身，而是发言不好的后果，这个后果是我们自己加工、联想出来的。

我的这个说法，很多人不认同："我的结论是根据客观条件推断得出来的，你怎么说是我加工、联想出来的呢？"似乎自己的害怕被否定了，是一件错事。

还有的人会问我："你这么说，是不是因为我太差太笨，才会有错误的联想？"

都不是，我没有以上的这些意思。很多时候我提出一个可能、描述一种情况，仅仅停留在表达层面，并不是评判。

结合华生的实验，联系我们自身，婴儿真的怕毛茸茸的小动物吗？伤害并不是小动物造成的，然而婴儿会形成"1小动物→2突然的巨响→3受惊吓"这样一个内在逻辑。

如果做一件事情总是受到惩罚，这种负强化会让我们缩短逻辑线路，跳过中间流程，把情绪和某一件事情直接挂钩，看到1直接去到3。这就是自动进化的因果关系的形成。

那么，我们现在探索的正是缺失的第2步或者更多的步骤：

1公开发言→2＿＿＿＿＿＿＿＿→3紧张

第2步的填空，需要你来填。这个空可能一下子填不出来，也可能有更多的推进步骤，不过我相信，留下这颗觉察的种子，你准备好的时候，就会允许这颗种子发芽。

除了个人经历外，还有一种可能是我们内摄了别人的因果关系。

内摄、内化在很多心理学书籍中都有出现。通俗地讲，内摄是生搬硬套，内化是融会贯通。我举一个例子帮助理解。

市面上有一种立方体西瓜。要种出这种西瓜，要在西瓜很小的时候套上一个立方体的壳。西瓜不断地长大，当它触碰到壳的时候，无法突破出去，但是它必须生长。这时候，西瓜只能按照壳的形状长成一个立方体。最后，壳拆开，西瓜已经长成立方体，不会变回圆形了。

西瓜活在这个立方体的壳里，也一直以这个样子展示自己，忘记了自己原本的形状。

仔细去回想，我们一定听过父母、长辈、老师说：

〇你必须这样做，不然会有可怕的后果。

〇你不能这样做，不然会有可怕的后果。

这类因果关系很强势，不给理由地圈定了我们的行为雷区。但是，给结论是授之以鱼。如何从原因推断出结果，如何选出高权重的影响因素等授之以渔的判断技巧，并没有同时传授下来。于是，我们就像壳里的西瓜，没有看到更多的可能性，只能生搬硬套别人的因果关系，接受了可怕后果的唯一性。

问题随之出现。被制约着生长的自我，实际上持续被惩罚。因为失去了其他选择，只好把别人评判标准里的"满分"，挪用为自己标准里的"及格"。这个标准如此之高，导致自己拼尽全力才能"及格"，还常常自责做得不够。

**做得足够好才能获得认同，这也是发言紧张背后的内心需求：求求你喜欢我。**

当我们在面对人群说话时，会忍不住渴望讨好在场的所有人，让大家都满意，并且认定别人满意了，自己才不会面对可怕的后果。

压力太大了，得松一口气啊。

接下来，我们一起尝试找出一些可能性。

## 给自己一个不完美的机会

认知行为心理学认为，如果经常给人的某种行为施以正强化（奖励），这种行为就会巩固下来；如果不给强化或给以负强化（惩罚），该行为就会减少或不再出现。因此，强化很重要。

那么在精神分析流派当中，干预惩罚性超我有益于自我适应性，减少对自我的过度评判和压抑。

不论是哪一个流派的理论，都指向一个目的：**减少不必要的痛苦**。

道理都懂了，怎样做到呢？**从"知道"到"做到"，连接的桥梁是"体验"**。我们可以在工作中不断去练习、感受、觉察，循序渐进地去改变。

注意，操作要循序渐进，不要一下子去冲击自己最大的困难，从小事情开始去验证后果的真伪。

比如阿猫的例子中，她认为没有办法让所有人满意，然后大家就会讨厌她。这个因果关系是真的吗？其他同事的每一次发言都是完美的吗？你会因为别人的发言不完美而讨厌一个人吗？其他人也会吗？你确认过吗？阿猫可以在会议结束后，逐一确认这件事情。

可能有人会反驳说，你当面去问别人讨不讨厌你，别人肯定说不是啊。

没错，一个人讨厌你，连说都不敢说，这种人有什么能耐？那你还担心什么呢？**力量在你身上，不在别人的审判权上**。

当阿猫看到因果关系不成立，就能撼动后果所带来的恐惧，自己也有了跳出情绪牛角尖的机会。

**当下意识出现极端化的判断的时候，记得停下来问问自己：还有其他可能吗？**

这是一句很有力量的提问。

很多人到了这一步，就能觉察到自己的不合理推断，随之而来的情绪也会得到缓和。

有人会很担心，万一核实后发现后果是真的，怎么办？

有问题,那就解决问题:

○为什么你会讨厌我?

○为什么我们的关系会变差?

○是一个人单方面的原因还是我们双方面的原因?

○我们各自可以改进的地方是什么?

○我们能协商的是什么?

○我们如何达到协商的效果?

○我做不到,那谁能帮我解决?

○同事、上司,还是朋友能帮忙?

○我怎样向别人求助?

……

**把问题看成一个工作任务,而不是一种批判,解决起来会更理智**。以上这些做法,正是尝试重建内在情感逻辑。

我们不想变成那个看到小白鼠就自动联想到巨响的婴儿,我们也不想变成那颗长成立方体就忘记自己还能变圆的西瓜。

这是一个非常艰难的任务。最大的困难可能在于发起挑战的勇气。对自己发起挑战,提出这么多的疑问,不一定立刻就能做到。有的问题如此尖锐,问都不敢问。

当然,我并不是让大家轻视公开发言,而是减少负面情绪的束缚,发挥出自己正常的水平。我们需要一些时间去积累勇气,去验证自己解决问题的能力,然后才能相信自己能够面对后果。那我们如何在日常工作中抓住改变的机会呢?在之后的章节里,我会展开来说。

特别要注意的是,如果公开发言让你持续难受,产生一些躯体反应,比如手抖、冒汗等,而且反复去想好几个月,那么,你可能需要一些专业的帮助了。

# 惯性否定者必须抢先一步承认"我不行"

"无论我做什么,我都觉得自己不会做好。"

## 我很差,与事实无关

阿猫负责了一个新项目。她对这块业务很熟悉,但新项目的汇报对象是大老板,不再是阿猫的上司。阿猫跟我说,这个项目肯定要办砸了。

我问她,为什么不敢呢?是项目进度不好吗?还是担心领导有其他看法呢?

阿猫说,都不是,项目进展顺利,领导也是非常好的人。但是她认为"无论我说什么,大老板都会认为我是一个差劲的人"。虽然大老板从来没说过这样的话,但是阿猫坚信他会这么想。

阿猫的想法就是惯性否定。在这个故事里面,阿猫惯性否定的对象是自己。她从理性上明确知道自己工作没有问题,也非常清楚大老板是一个好人,没有苛责过她。然而她在感性上坚定地认为自己是不好的,认定大老板会给她差评。除了这件事以外,阿猫对其他事情也有类似的判断。

这当中有一个思维模式:**自己已经很努力了,但坚定地认为自己**

做得很差，而且认定其他人也是这样认为。

阿猫看不见自己的优势，认为自己身上全部都是缺点，不配得到表扬。

惯性否定自己，也有人说是惯性的自我贬低，或者说是自卑，内核是：**在别人贬低自己之前，抢先贬低自己。**

听起来好像很荒谬。为什么要赶在别人贬低之前先贬低自己呢？别人不一定是来贬低的啊，那不是白遭罪了吗？

换一个角度，如果认定别人的出现等同于伤害自己，那么提前完成伤害，再受伤时说不定就没那么痛了。还有一个可能，别人看到你已经伤害了自己，就会放弃伤害。当一个人不期待从任何人身上获得表扬或者认可的时候，那么最糟糕的情况，也不过如此。就算被人用很难听的话贬低或者辱骂，也只是复述事实而已，自己也承认。

这是我们心理上的一个防御机制，目的是保护自己不再受到贬损的伤害，提前做出伤害，控制"伤情"。

很多从小被贬损的孩子，成年以后还是摆脱不了否定自己的思维模式。就算自我有所成长，明白不应该贬低自己，但还是做不到。

## 表扬与批评的失衡

前面章节提到过的"好学生心态"，会在各个方面影响我们的想法。

读书时，我们会按照家长、老师、社会的要求去做选择题。比如，如果做对的题不够多，我们就像一个不合格产品一样，是一个不及格的学生，是一个不好的学生。悲哀的是，除了这套评判体系之外，我们没有其他判断标准。

然而，这套评判体系在对与错当中是失衡的，只负责挑错，是扣分式的单一标准。仔细回想，我们很容易因为几道错题被骂，但是要做对很多题才能得到表扬。这样的评判体系缺乏共情，也鲜少体谅。

我们内摄了这一套评判系统，并且扩展到逻辑思维中，伴随我们长大。很可能人到四十，依然想做一个好学生，为自己做对的题目不够多而自我折磨。

惯性否定，是在别人改卷子之前，自己先给自己的卷子打0分的行为。

把期望降到0分，那么，后面再有对的题，就变成了一个额外的馈赠。道理似乎很简单，真实生活却不是那么一回事。

当我们给自己打0分的时候，就会认为自己不配被善待。比如，我们认为自己是一个考0分的坏孩子，那么考到60分的及格奖励，我们就不配拥有了。考了90分会送一个玩具，得0分的孩子配吗？不配。考100分能得到一个游戏机，我们才考了0分，那差得太远了，想都不敢想。

"我不配"的想法，被称为**低配得感**。

确实，很多事情需要被打分，如考驾照、KPI等。然而打分不等于生活的所有。如果从人性的角度去理解，我们的自信和自爱，往往来源于非功利性的认同。

一个不用打分系统看待自己的人，会有一个坚定的信念：无论我是0分还是100分，我都能拥有100分的快乐，因为分数决定不了我是谁，而且我值得被重视和被爱。

"这是我应得的"的想法，被称为**高配得感**。

高配得感的人比较容易接纳自己，不会为难自己，或者在事情还没发生时去想象极端的可怕后果。因为他得到的表扬与批评是相平衡的，让他的自信和自爱都得到了一个很好的发展。

**惯性否定者的内心需求是渴望无条件被看见、被认同，不想再被**

评判。

为什么有的人长得好看、家里有钱、学历也高，却被一些人品很差的人给欺骗了呢？骗子固然可恶，但还有一个可能，这个优秀的孩子是不自信的好学生，从小获得的认同和表扬非常少，少到认为自己只配拥有一个这么差的伴侣。

骗子只需要随便讲点认同和赞扬的话，低配得感的好学生就会甘之如饴，获得了童年缺失的养分。

这也是比较残酷的一面。我们从小到大缺失的东西，总有一天会找补回来，这时候，我们会变得脆弱。

与其被人钻空子，不如我们自己主动去选择，如何获得缺失的部分，用更安全、更有掌控力的方式去调整自我认同。

## 惯性否定对内也对外

惯性否定并不是只针对自己。

你在工作和生活中一定会碰到一种人，不论你说什么，他总要跟一句拆台的话，可能是酸不溜秋，可能是阴阳怪气，反正挺扫兴的。

比如，你买到了很喜欢的手机，很开心地跟同事说，有人冷不丁说一句"你别太嘚瑟，说不定一会儿就摔坏了"。或者其他人夸你，今天看着很精神，这个人也会来上一句"这有啥值得说的"。

这些话听起来攻击性不强，也不一定是嫉妒。但是我会注意到，无法承受别人获得夸奖的人，通常也无法承受自己获得夸奖。也就是说，惯性否定者认为自己是一个很差劲的人，不一定会说别人不值得；但习惯性否定别人做得好的部分，那可能要注意了，这种人极大可能也会否定自己的好，难以抑制自己不泼冷水。

惯性否定不论对内还是对外，底层逻辑都是把注意力聚焦在缺点上，看不见优点，同时夸大缺点。

用更通俗的话来说，事情有黑有白，还有灰。惯性否定者会看不见白，只盯住黑，还会把灰说成黑。

所以，减少对自己的否定很重要的一步就是识别下意识的负面评价，不论这个负面评论是对自己还是对别人。一旦出现否定的话语，立刻停下来，然后想想：**为什么我会在这个时候去否定呢？**

从这个问题入手，去了解有哪些因素会激发自己的惯性否定，就能梳理出这个行为模式的整体逻辑。

## 重要的镜映

我们连续讨论了自我怀疑、发言紧张和惯性否定这三种情况。三种情况逐层递进，都涉及外部评价和调整自我认同。

有人反问我，完全不在乎外部评价，是不是就好了呢？

人的自我功能当中，人际关系能力也是其中的一项。我们想通过减少一部分能力来获得健康的心理能力，这行不通，矛盾了。我们要对自己的优点进行挖掘和肯定，与此同时，也要区分有哪些评价不用理会。

好的外部评价不等于正面评价。

在心理学上，好的外部评价最重要的是客观。像照镜子一样，我们可以通过评价看到自己的特点，脸是圆的还是方的，眼睛是大还是小。好的评价不会评判"你脸圆不好看，方才好看"，也不会羞辱贬损"你以为你很好看，好意思吗？"。

**中立、温和、不带评判的外部评价，心理学上称为镜映。**

提供镜映的客体通常是父母、老师、同龄朋友等。

如果成长过程中，提供镜映的客体做出了评判的行为，对我们评头品足,贬低我们,那么我们会相信评判的结果,并且继续使用这套评判思维去看待自己,变得低配得感。

有人曾经做过一个实验,连续50天真诚地夸赞一个女孩,每天记录她的变化。在不到两个月的时间里,女孩从相貌、气质、肢体语言都发生了非常大的改变。

好的镜映不是说假话,不是瞎夸,是对你真实拥有的特质进行表达和表示认同。当自己的特质被注意到,而且不断被强调特质是如何好的时候,我们才会从这些反馈里面看到真实的自己,就像照镜子一样,更客观地看待自己的特点。

学会寻找自己的优势是第二章的重点,看见真实的自我。而寻求社会支持系统,寻找真心夸赞你的人,则是第四章的内容,获得解决办法。

第一章的看见情绪、第二章的看见自我、第四章的解决办法,会是一个循环往复的过程。如果你对后续章节的内容感到困顿,不妨回到第一章,对自己的感受再做体会,重新梳理。

要注意的是,如果你不想否定自己的优秀,也不想否定别人的优秀,与此同时,你对自己感到愤怒、自责,这种持续的愤怒和自责影响到了你的日常生活,那么很值得跟心理咨询师谈一谈。

# 迷茫者有最强的生命力

"我没有什么可抱怨的。但是我觉得没劲，很无聊。"

## 求变

阿猫半年多前特别想升职，但是公司一直没给她机会。她觉得自己工作完成得不错，但是领导一直打压她，熬了半年，阿猫觉得升职希望渺茫，慢慢从"狼系"变成了"佛系"，上班的时候还学会了"摸鱼"，刷刷小视频。

工作钱多、事少、离家近，然而阿猫一点都不开心。她一方面喜欢休闲的状态，但另一方面又很不满意，浑身不得劲儿。她问我：以前明明很有干劲，为什么现在变麻木了呢？接下来到底该怎么办呢？继续待着吧，没希望；做点别的吧，也不知道自己能做什么。太迷茫了。

职业迷茫跟能力有一定的关系，但不是全然的关系。

**我把迷茫比作投篮。**

能力决定能把篮球投多远、投多准，前提是，知道篮筐在哪儿，或者有多个篮筐的时候，选哪一个。

第一种情况，阿猫知道自己的投篮水平，很厌烦旧的篮筐，想要更好的篮筐，但是无从入手。换句话说，阿猫得不到想要的，虽然有新目标，但不知道怎么实现，所以迷茫了。

第二种情况，阿狗知道自己的投篮水平，知道自己不喜欢现在的篮筐，但是不知道自己想要的是什么。阿狗讨厌已有的一切，拒绝一切，然而没有新目标，不知道自己想要什么，缺乏建设性的想法。

第三种情况，阿兔不知道自己的投篮水平，也不知道怎样找到对的篮筐，每一次投篮都是听别人指挥，实际上不知道自己做了什么，也不会给自己拿主意，感觉处处都是不确定性。阿兔不满意被指挥的生活，于是想获得一些决定权，但是同样地，无从入手。

阿猫、阿狗、阿兔的迷茫分类是基于**玛西亚的自我同一性理论**，总的来说是一种自主性的成长需求：**我对现状不满意，我想改变。**

如果成长需求没有被满足，我们就会迷茫。

## 自主性的萌芽

自愿和自主是两个容易混淆的概念，我举一个例子帮助大家理解。

一个坏蛋拿刀子威胁人质：跟我走能活，不跟我走就杀了你。

看起来有两个选项，但是两个选项利弊差异极大，条件并不公平，明显是在威胁人。在这种前提下，我们自然会趋吉避凶，选择活下去，跟坏蛋走。**在条件制约之下，自己选择最优解，属于自愿。**

依然是这个坏蛋，他蹲在离我们500米远的笼子里，挥舞着刀子大喊：跟我走能活！不跟我走就杀了你！听见了吗？

他的威胁仿佛一个笑话，并没有对我们的选择造成影响，可以轻轻松松选择离开。这种情况就叫自主。**不受他人支配的前提下，自己选择最想要的东西，属于自主。**

前文阿猫、阿狗、阿兔的三种情况，正是自主性需求。

第一种和第二种，清楚地知道自己受到了别人的支配和限制，无法做出自己的选择，无法实现自主性；第三种，能够意识到自己的选择跟自己无关，都是别人在控制，失去了自主性。所以，**感到迷茫的时候意味着内心正在呐喊：我要自己下决定！我要实现自我成长！**

根据埃里克森的人生心理成长八阶段理论，自主是其中一个成长任务，学会按照自己的意愿去做事，可以协调、修正自我怀疑。如果没有学会按照自己的意愿去做事，很容易出现较长的迷茫期。

我做一个对比。所有人都会碰到问题，不知道怎么办，感到迷茫。自主性强的人，迷茫的时间会比较短，会通过各种方法去确定自己想要的是什么，怎样做才能得到，暂时得不到的话，怎样忍耐。自主性弱的人，如果自主性没有得到伸展，那么会停步不前，不知道下一步往哪走，也不知道谁能给自己帮忙。

正因如此，迷茫者有最强的生命力。**迷茫的下一步是寻找出路，这是来自成长需求的痛苦**，成长需求会伴随我们终生。注意，并不是痛苦会伴随终生，而是人会一直希望自己成长，变得更好，成长需求会伴随终生。

当我们一次次去练习如何满足自己的成长需求，我们会变得更熟练，不会像第一次迷茫时那么无助了。

这几年有一个词叫"心流"。心流的状态是实现自我、不断成长的状态，跟埃里克森的自我同一性定义息息相关。可以说，心流是不再迷茫后的理想状态。

## 伴生的焦虑和抑郁

迷茫是黎明前的黑暗，但要注意，这个黑暗会伴生焦虑和抑郁。

比如，感到绝望，认为自己没有出路了，很焦虑。也可能钻牛角尖，不断抱怨现状有多差，人会变得急躁。像阿猫的情况，变得"佛系""躺平"，有的人甚至感觉上班带来极大的痛苦，一想到上班就掩面哭泣，久久无法呼吸，这些可能是抑郁的表现。

迷茫阶段出现焦虑和抑郁的情绪是正常的。好好照顾自己，做自己喜欢的事情分散注意力，宣泄情绪，或者做一些短期的心理咨询、参加心理互助小组，适时的宣泄和安抚会对缓解负面情绪有所帮助。

当我们准备好要应对迷茫，解决难题的时候，我们反而不再着急，会冷静下来，理智地梳理自己的优势，结合现实找出正确选项。拓展可能性是破解困顿最好的办法。

第二章第七节，会教你如何提高自己的适应性。第四章则会结合理性和感性两个维度，讨论职业规划和职业发展。

# 与自己的内心需求对话

第一章,我们初步探索了工作场合中常见情绪背后的内心需求。

情绪是我们适应环境和适应社会的一种工具。当外部环境对我们产生了冲击,由此出现了情绪,我们顺着情绪的指引,不断了解自己的需求,满足这些需求,个人成长就会缓步前行。

当我们意识到自己有情绪了,在乎这些感受、情绪,承认它们,不为其出现而感到害怕,做一些让自己快乐的事,心理学上称其为自我关怀。

哈佛谈判小组出版的一本书叫《高难度谈话》,该小组经过15年的研究得出结论,在做困难事情之前,首先平稳情绪,然后才能继续执行。

而同样的"先情绪后逻辑"的做法,在第三章中会有大量的实战应用。这也是我和团队工作15年后,实践发现可以快速帮助团队成员成长的办法。

意识到自己有情绪,在心理学上叫觉察。第一章的多个章节提到过如何觉察自己的情绪。从自己的想法,到呼吸、心跳、肢体动作、面部肌肉,都能帮助我们觉察自己所处的情绪状态。

自我关怀的方式并不难,我们每个人都能做到:

○每天给自己留最少三十分钟的放松时间。比如冥想、散步、瑜伽呼吸。

○拥有独处时间,做回真实的自己,允许自己释放真性情。

○发生了不开心的事情,要给自己补偿,哄自己开心。可以和朋友聊八卦,也可以做点自己爱好的事。

○给难熬的日子设置一个期限,到期限了,放假休息,休息好后再出发。

给自己设置休息的时间,也给兴趣爱好设置享受的时间,照顾好自己才有余力照顾好情绪。第四章第四节会给出更多自我关怀的做法。

下面,我给出一个情绪与内心需求对照的表格。我会示范填写,后续生活中,你可以用此表格梳理自己的情绪,然后放下,停一停,过一周再重新看看自己所写的内容,问问自己:**如果我回到一周前,我会如何安慰当时那个难过的自己?**

| 情绪观察日记(示例) | 年 月 日 |
| --- | --- |
| 今天的情绪,名字叫什么? | 今天我要记录的情绪是:讨厌 |
| 因为事还是人,让我有了情绪? | 今天有同事问了我一个特别笨的问题,明明搜索一下就知道答案,为什么还来问我呢?浪费我时间 |
| 情绪的因果关系是怎样的? | 因为别人笨,妨碍我工作,让我感觉工作秩序被打乱,所以我讨厌他 |
| 我用什么方式去宣泄情绪? | 我直接骂那个同事是蠢货,没智商 |
| 宣泄情绪带来怎样的变化? | 同事被我激怒,跟我吵了起来,结果一下午什么也没干,我太生气了 |

| | |
|---|---|
| 我想改变的是这个情绪？是别人？还是我的处境？ | 我想改变这个情绪。我需要让这个同事自己学会搜索，并且表明这件事可以自学。为了缓和关系，我会鼓励他学习、上进，而不是嘲讽他笨 |
| 改变发生后，能满足我什么需求？ | 我这样做，能让别人不再打扰我工作，让我觉得自己的工作秩序更有保障了，控制欲得到了满足 |
| 一周过去了，我想对自己说的话 | （一周后填写）其实那天我是工作太忙了，本来就烦躁，再多一个人来要我帮忙，更烦人了。不过我本来也不喜欢他，这时候来烦我，我就忍不住冲他发脾气 |

这个方法并不是让我们沉浸在情绪当中，而是探索与情绪有关的信息，进一步了解自己状态和思维。

在实际案例中，只是在脑海里想象回答这些问题，不但没有效果，还容易反复沉浸于情绪中，难以抽身。只有写下来，最好是手写，我们才能调动理性思维去组织语言，梳理始末，真正"看到"自己的情绪，不再被情绪所控制。

当我们弄清楚情绪背后真正的内心需求是什么，就能从根源开始，理解自己，减少情绪内耗。

越了解自己的情绪，越能成为情绪的主人，理性才有机会参与到思考活动当中。

# 02

## 第二章　自我定位法

# 难以量化的个人优势

"物质之外,还有人性。"

很多人以为,职场天花板是由能力和机遇而定。其实我见过不少人能力很好,机遇也很好,但是无法承受更深远的职业发展,即便钱权到位,心理上扛不住,也不得不退下来。

心理适应性可以通过心理咨询等个人体验得到调整,然而这是一个非常漫长而且不容易的工作,进度可能以十年为单位。职业生涯等不了十年,来不及改变自己怎么办?挖掘优势。

这也是第二章的主题,挖掘难以量化的个人优势。作为开篇,我们先了解一下非功利的人性化优势有多重要。

肉眼可见、可量化的功利性优势,是明面上的账目,比如职位、薪酬、成就、奖项,梳理总结出来,大家都能看懂,不需要自己辛苦挖掘。

这里所说的个人优势是基于美国心理学家阿尔伯特·班杜拉撰写的《社会学习理论》一书中提出的理论,该理论认为个人优势可以通过外部评价和内部评价相结合来完成。

班杜拉在书中表示,外部评估是理解个人行为、思想和情绪的重要组成部分。外部评估可以对个人的心理状态提供有价值的见解,并有助于发现潜在的问题或者需要改进的地方。

内部评估则是从内部角度评估个人行为、思想和情绪的过程,通常用于洞察个人的心理状态，也能帮助确定问题或需要改进的地方。内部评估可以由个人或心理健康专业人员进行。

我发现很多人分不清什么是外部评估，什么是内部评估。细想之下，我们从小到大既有机会学习"评估"，而"好学生心态"又导致我们过度依赖外部评估，忽略了内部评估，常常把外部评估生搬硬套，理解为自我认同，导致过于在意自己在别人眼里的形象。

第一章提到的"好学生心态"，就是过分依赖于外部评估，把自己当作一份考卷，从外人的视角，一项一项对自己打分。刚出生的婴儿没有这样的打分思想，我们在长久的教育和成长过程中，学会了长辈们的这套打分方法，吸收到了心里，内摄为自我认同。

这样长大的孩子，一旦别人的打分不够高，评价不够好，就会感觉自己失去了存在的价值，自恋、自尊会受伤，很容易情绪崩溃，出现暴怒或者抑郁。

有一些鸡汤文章会劝大家，不要管别人怎么说，考虑自己的感受就好了。这是一句正确的废话。一个人对自己的理解和判断是自我认同的地基。如果这个地基是外部评估，那么彻底抛弃外部评估，上层建筑也会随之崩塌；而不修改地基，又难以撼动上层建筑。

在彻底无视别人和完全依赖别人的两个极端之间，我们需要寻找一个平衡点。

从心理学的角度来说，一个人能发生改变，不是盖空中花园，必定是内心里有力量和其他资源，早就种下了种子，条件适合了再开始发芽。这也是我写本书的目的：提供一些启发，看看有没有机会唤醒你内心的种子，找出不一样的选择，过不一样的生活。

第二章，我们一起尝试从外部评估和内部评价两个角度，重新认识一下自己，挖掘一些在功利的职场上有用的个人优势。要注意的是，本书局限在职场的场景，还有很多职场外的优势没有提及。

# 外部评估，定位核心竞争力

"在对的位置，特点就是优点。"

阿猫发现新入职的同事阿狗的履历很奇怪。阿狗的工作能力非常好，任职过的公司也不错，然而他每家公司都待不久。有的公司只待半年，久的才待了一年半。阿猫的同学是阿狗的旧同事，同学告诉阿猫，阿狗在公司里面没有朋友，跟谁的关系都处不好。

如果非要你下一个判断，这位新同事阿狗是好还是不好呢？

这个问题有陷阱。好和不好的评判标准，由评判者所处的位置和需求决定。换句话来说，我们觉得不好的做法，很可能在一些情况下是很好的优势。我们看到了阿狗总是换工作，但不断跳槽也从侧面反映他强大的工作能力，薪酬还可能不断上涨。

我举这个例子是想提供一个思考的角度，我们的特质可能很难有大的改变，与其注意自己的缺点，不如从多维度评估自己，什么时候在什么地方，自己的特质能成为优势。

## 看到自己的特点

职场优势分为两类，一是硬实力，包括毕业学校、工作能力、履历、人际关系资源等外在条件；二是软实力，包括性格、兴趣爱好、处事方法、心肠好坏等人性化的特点。

硬实力是找工作升职加薪的敲门砖，然而工作时，只有硬实力远远不够，还得有匹配的软实力。

我有多次建立团队的经验，曾经招聘过一名简历很漂亮的员工，从毕业院校、前公司到参与过的项目，都是全方位匹配，面试时对业务细节也是了如指掌。然而加入公司后，他的软实力拖了后腿。试用期期间，他的职责是对外项目负责人的副手，承担小部分的统筹和管理工作，需要监督项目的进度和流程细节。但是，这位员工很好说话，没办法坚持自己的原则，其他人只要撒个娇、求个情，他就会放人一马。原本一个月的进度，拖了三个月才完成了一半，项目最终被公司终止。

我后来在想，这名员工真的因为性格太软弱就一无是处吗？其实不是，他的软实力没放在对的地方。如果他做HRBP，懂业务又好说话，在管理上会是很好的助力。

所以，**软实力带来的优势是因地制宜**。在判定优缺点之前，不妨将这些统称为"特点"。

完全不知道自己的特点是什么，是不是就无法判断优势了呢？

我有一个大胆的建议：问认识你的人对你的印象和评价是什么？

喜欢你或者讨厌你的人，你信任或者不信任的人，都可以去问。目的只有一个，得到全方位的不同的视角去看见自己。

如果别人给出负面评价怎么办？不用担心，不加筛选搜集来的评价通常会有矛盾的地方，比如有的人会说我很温柔，有的人会说我很霸道，然而我认为我是中立客观的。我们本来就不能让所有人满意，别人给我什么样的评价，都是别人的事。

收到各种评价后，我们可以像逛菜市场一样，挑选自己愿意保留哪些特点，来减少"自以为是"。就像我会收到温柔和霸道两个矛盾的评价，跟我自以为的不太一样，我就会追问，具体什么事情让你觉得我温柔/霸道呢？这时候，我们才能从别人的反馈中，了解自己的言行如何影响自己的社会面貌。

自己想保留的言行，就是我们想保留的特点。

## 因地制宜的优势

优势是否成立跟公司的企业文化、老板的追求、所在团队的风格都有关系。

一个特别拼搏的团队，狼性很强，奉行自然界优胜劣汰的规则。在这样的团队里，心软就是缺点。有的团队追求生活和工作平衡，期待团队成员之间像家人一样亲切，互相熟悉。这个时候，狼性就显得多余了。

常见的烦恼是，自己的特点与工作场景不匹配，好像除了离开以外，没有别的办法。其实办法还是有的，回到工作场景当中，选择性地展示与场景契合和互补的特点即可。

性格软弱的人在风格强势的团队里面工作，觉得很不舒适，其他人说话火药味太重。可以尝试从业务层面找到契合点，比如表达清晰、逻辑好，在大部分团队里面都是优势，而且可以就事论事，与性格无关。而性格软弱的人，也可以调节强势的同事之间的矛盾，给团队补上短板，调解团队氛围。

性格强势的人在一个一片和谐的没有太大冲劲的团队，感觉无法施展拳脚。这个时候，也要找到契合和互补。比如大家容易拖延、脸皮薄，很难推动项目的进展。性格强势的人可以大胆推进，补上团队的短板。

挖掘自己在特定场景里面的优势，总结起来是四个字：我有人无。

无论是硬实力还是软实力,别人没有的、别人需要的,你有,那么这个特点就是优势。

## 外部评价不是对人的定性

我们都是好学生,很容易把别人的反馈当作定论,似乎试卷分数公布后,就没法再改了。然而从人性的角度出发,我们不能被如此看待。

想改变这种思维贯式确实挺困难,但不管何时开始,都不晚。

那么,在改变之前,我们先了解一下想改变的到底是什么。什么是外部评价?外部评价是怎么来的?

外部评价的本意是,从外部来源就是其他人获得对自己行为的评价。外部评价包括正面评价和负面评价两种,可以是直接评价也可以是间接评价。

外部评价会影响个体的自我认知,从而影响个体的自我发展。回到这一节的主题,外部评价并不等于对人的定性。

我们可以通过外部评价知道自己在别人眼中是什么样子,就像照镜子一样,映照出自己。然而,镜子也有短板,如果这面镜子是哈哈镜呢?有的镜子本身有瑕疵呢?玻璃镜子和手机前置摄像头,是一样的吗?我们是怎样的一个人,裁量权还是在自己手上。

我在工作中发现,好学生们容易过分重视外部评价。外部评价一旦是负面的,就会失去安全感,认为自己的社会形象崩塌了,不再有变好的机会了,人也变得焦虑、自卑。

然而,**每个人对于别人的评价都不客观,都带有强烈的主观色彩,这个主观色彩又极度自私。**

一个善于剥削员工、希望员工拼命加班而且不给加班费的老板，他会认为你准时上下班是自私的，是不专业的表现。这种贬损、不客观的评价在职场上很常见。非常多的人带着自己的需求和目的，对其他人做出利己的评价，不在乎其他人听了以后会不会受伤。

当我们意识到这一点，情绪就不会那么容易被外部评价左右。

阿猫曾经很烦恼被老板称为"搅动池子的鲇鱼"。阿猫很害怕这个角色，觉得会破坏自己在公司里的人际关系，想扭转自己在老板眼里的印象。

尝试改变别人对你的印象是非常困难的一件事情，执着于此，事倍功半。

更好的策略是，已知别人对自己的评价，利用这个评价结合自己的需求，在职场上获得更多的资源。

阿猫认为被领导当作鲇鱼，不好。换一个角度，领导对"鲇鱼"有期待，也更容易提供资源给"鲇鱼"去鞭策其他员工。这个时候，阿猫可以大胆提出自己的想法，甚至是升职加薪的要求，领导更容易答应。

还有一些人做事低调，外部评价他们都是不擅长来事儿的人，不重视他们。这种时候很适合蛰伏，默默积累经验，丰富自己的履历，为跳槽或者升职做准备都很不错。

小结一下，外部评价可以帮助我们认识自己，但是不能决定"我是谁"。在职场这么功利的环境当中，我们要善于利用外部评价，看看哪些自己没发现的特点，在职场上是优势。

这是外部评价真正的作用。

那么，去哪里获得外部评价？怎样的人可以在不伤害我们的感受的前提下，提供有用的评价呢？第四章第五节提到的高质量关系正是我们所需要的。

# 用"个人意愿"找到工作的动力

"工作不需要意义,需要动力。"

开始讨论之前,先试着做一下下面的填空题。

工作除了能让我获得钱财以外,还让我收获了(　　A　　)的好处。这个好处具体是(　　B　　)。工作之外,我是一个擅长(　　C　　)的人。我有自己在乎的事,不会为了工作而放弃(　　D　　)。

这四个空是"我"对工作的态度以及"我"对工作的认知,分别是工作带来的额外好处(A、B),我除了工作技能之外的优点(C),工作与生活的底线(D)。有的人填这四个空很容易,有的人很难。现在填不完,可以过段时间再填;现在填好了,过段时间再看看是不是一样。

这几个填空题难就难在,尝试找出自己工作的动力。

我在招聘面试的时候观察到,不同年代的人赋予了工作不同的意义。

"70后""80后"大都认为,工作是一个赚钱谋生的途径,不挑活儿,有一股甘为孺子牛、任劳任怨的劲儿。同时有使命感,对集体有责任感。表现出来是一种渴望得到领导认同、追求组织归属感。

而"90后""00后"会从个人角度出发,提出更多的个性化要求。除了钱以外，希望有良好的团队氛围，舒适的工作环境。对工作强度也有不同的要求，有的人就想"卷"，有的人就想"躺"，差异很大。

这些不一样的回答，都源于工作动力的区别。

工作的动力就是**根据自己的欲望、冲动和使命感，想明白工作是什么，有多重要或多不重要。**

这个词很抽象，然而我观察发现，这个抽象的词是现实抉择的最终力量。不论是离职跳槽还是主动不升职，人不可避免地都会遵循自己的工作动力，选择自己的职业发展。面对选择的时候再迷茫、再痛苦，工作动力总是推动我们选择那条更情愿的路。即便我们暂时违背内心，错误的选择带来持续不断的痛苦和迷茫，当我们无法再承受的时候，还是会回到原点，重新走那条符合自己工作动力的路。

工作动力和第一章提及的内心需求相结合，可以快速减少纠结，过后也能减少后悔。

## 不是必须喜欢你的工作

一开始的填空题派上用场了。

有不少人的父母认为，不考公务员就没有正经工作，人生就是失败的。在有些城市，考公务员确实是一条好的出路，但是考公务员不成功，不等于人生失败，更不等于我们作为人很失败。我们无法苛求其他人的宽容，但我们可以对自己宽容，在内心给自己寻找一些出路。

我有一位前同事，工作能力很强，但是他只做分内事，跟同事停留在点头之交。他的工作动力就是稳定地赚钱，不需要涨薪也不想升职。他不在乎同事关系，他所有的人际关系都在家庭里，家人排第一位。

在追求成就感的人眼里，这位前同事几十年不涨薪、不升职，太失败了。然而，工作选择是生活态度的一个切面。喜欢家庭不喜欢工作没有错，喜欢工作不喜欢其他东西也没有错。最重要的是，自己梳理清楚各项要素的配比。

有的人觉得工作比生活重要，工作必须有一番成就，比如做了一个大项目、升职，自己才会获得尊重。那么工作在他们心里等同于自尊，为了工作忽视其他，实际上是为了自尊忽视其他。

无论哪一种态度，都是个人想要的生活，并没有人人适用的唯一标准。

摆脱"好学生心态"，**分清楚哪些是别人强加给自己的期待，我们就会发现有更多的途径可以实现自我和成长**。工作是生存还是实现自我？除了工作还有什么可以实现自我？如何分配工作和我喜爱的事情之间的时间配比、精力配比？

当我们拥有更多的选项，知道自己被允许喜欢其他东西的时候，工作带来的窒息感就会减弱，也就没那么容易钻牛角尖，进入死胡同了。

## 设定底线

找到了真正的工作动力——想做什么，那接下来就是设定底线——不做什么。

从投资的角度来看，工作动力是止盈点，设定底线则是止损点。有一些利益是我们坚决不可让渡的，这些利益就是底线。

比如，阿猫的工作底线设置得很细致：薪资够还房贷，每周下馆子。周末可以加班，但必须能玩最少2个小时的游戏。工作日晚上最少能看半个小时的电视剧。只要满足这些,那么公司里的人际关系、领导好不好说话,阿猫都不太在意。

有一位大我20岁的前同事,他的工作底线是每天下午能接女儿放学。除此之外,他什么苦都能吃,周末加班也行,要的工资不多,够家里开销就行。

他后来跳槽去另一家公司,工作底线依然围绕着女儿的读书日程来。所以他跳槽快狠准,跟新东家谈也很好谈。

底线和场景有关,有些场景下没问题的做法,放在其他场景绝对不行。

举一个例子:职场恋爱。

有的公司鼓励职场恋爱,内部消化,考虑减少员工的外部社交成本,尽量把员工留在公司内。有的公司则反对职场恋爱,一经发现会直接开除。

这个例子比较柔和,有的公司可能要求员工陪酒甚至提其他更过分的要求,这时候,自己的底线和公司底线发生冲突,恐怕在这家公司也不会做得长久,因为工作是双向选择。

所以我们在思考自己的底线时,可以从情绪入手,有什么事情一旦发生,我就反感、厌恶、愤怒,那必然是违反了我的内心需求(回顾第一章内容)。

如果无法遏制这些突破我们底线的事,我们就会萌生出挣脱和逃离的想法。

有意思的是,迷茫是一种相对中立的情绪,意味着工作缺乏追求,是向上索求没有被满足,并不涉及底线。所以对比起来,让人迷茫的工作可以多想一想,计划的时间可以久一些,而让人反感、厌恶、愤怒的工作,则要尽快远离。

当我们画清楚底线以后,工作动力进一步清晰。每一个人的底线都不相同。有的人为了工作把底线画得很低，愿意付出非常多，有的人会把底线设高，对自己的生活稍微有一点影响就放弃。

只要有底线，坚持、隐忍也好，放弃、洒脱也好，都会带来爽感。为了工作放弃其他或者为了其他放弃工作的时候，我们都能确定这是顺从自己的意愿，是自己真正想要的，没有委屈自己，而不是被迫于其他人的劝诫，不得不低头，这样后悔也就减少了。

## 设定自恋型目标

想清楚后，下一步是在现实里将意愿具象化，也就是如何梦想成真。

读书的时候，大家都写过一篇命题作文《我的理想》。

我小的时候，大部分同学会写"我的理想是成为科学家"。现在的小孩，没有什么"大部分"的理想，有想成为网红的，有想成为科学家的，有想开挖掘机的，还有想成为雪糕工厂质检员的。

这给我一个启发：随大流不如遵从内心，设定自恋型的目标。

弗洛伊德对自恋的定义指向了一个不健康的人格障碍。在这里，我更倾向于科胡特的定义：自恋是一种借着胜任的经验而产生的真正的自我价值感，是一种认为自己值得珍惜、保护的真实感觉。

自恋型目标就是**设定的目标可以帮助确定自我价值感，这个目标让我们觉得自己独特而珍贵。**

自恋型目标跟我们的个人特质密切相关。公司里设置的KPI是死数字，阿猫不能完成就换阿狗来做，可替代性很强，大家都会缺乏安全感。自恋型目标跟个人特质相关，难以被替代。

比如阿猫擅长于协作和解决矛盾，那么阿猫的自恋型目标可以是：

○我在管理岗位上，并尽可能地往上走。

○我的协作能力和解决矛盾的能力每5年有一次提升。

○这些提升都能得到行业的认可。

**自恋型目标是在公司KPI之外的个人增值计划。**这个目标不一定是人生成就，更像是中期任务。在任务驱使下，我们会获得持续前进的动力，也就是俗称的内驱力。

阿猫设定的目标还不够明确，下面我来列举几个，大家可以尝试来完成。

○我想在什么岗位上工作？

○这个岗位最高会处于公司架构中的哪一个层级？

○这个岗位可以带给我什么收益？

○在这个岗位上我能施展哪些个人能力？

○我可以通过哪些办法让别人知道我的能力？

○如何一步一步走向目标？

○走向目标的第一步从哪里迈出？

○谁能成为我的资源帮助我走向目标？

**把目标变成步骤，把步骤变成行动。**

目标越明确，我们就会越坚定地相信自己的"意愿"会有一个好的结果，形成信念。有了意愿，也有了坚定的信念，行动也会轻盈起来。

要注意的是，如果制定目标后，给出了很多借口不去执行，总是拖延，那么背后的动力是抗拒和不认同这个目标。换句话说，问题不是行动力差，而是目标制定错了。

每一个人都有可能制定一个"无比正确"但不喜欢的目标，然后用行动表达自己不喜欢，主动不干。这时候需要回到起点，问问自己想要的是什么，找到自己想要的和他人期待的之间的平衡点。

# 身体素质，决定你的奋斗强度

"伤感了，心有余而力不足。"

阿猫跟我说了一件不公平的事。

公司最近启动了一个新项目，阿猫认为以自己的能力完全可以胜任，唯一的问题是项目合作方很急，需要通宵赶工。阿猫身体不好，无法熬大夜。结果，领导安排习惯熬夜但能力稍逊色的阿狗去负责这个项目。

阿猫很沮丧，明明自己的工作能力更突出，领导怎么偏心安排能力比自己差的阿狗呢？

非常不幸，身体素质确实是奋斗强度的决定性因素。

不只是熬夜，长年累月的出差等，都要考虑员工的身体素质。打工人抱怨公司压榨员工的价值，然而，公司也不是什么员工都压榨，而是有避险意识地选择性压榨。也就是说，公司会综合考虑员工的工作能力和身体素质，按照"紧贴底线但不击破底线"的原则来安排工作。

这是一本从心理学的角度去了解自己和提升职场竞争力的书。但是心理学并不是万能灵药，良好的身体素质既是职场优势，也会影响我们的心理状况。

## 适度消耗健康可行吗

我们一定碰到过这样一种人,强调身体健康比赚钱重要,无论做什么事情都应该以身体健康为标准。

有这种想法的人通常曾经在健康上吃过亏,承受了一些疾病和伤痛。这些伤痛太让人难忘,必须把身体健康排在第一位才会有安全感。

这是正常人的思维,我说点"不正常"的。

我接触过一些工作狂,比如公司中高层,他们会用货币思维去看待健康,把身体健康看作可"交易"的"物件"。

比如,一个人先天身体素质非常好,后天又保持锻炼,那么他的健康货币会"增值"到150枚。如果先天身体素质差,后天又缺乏锻炼,那么这个人的健康货币就只有70枚。

对比之下,健康货币更多的人更有底气去挥霍,如果项目要连续熬夜,健康货币多的人更有可能主动熬夜,承受更大的工作压力。

用货币思维去看待健康,似乎是一笔不错的交易。不过这里有一个谬论,健康靠养不靠"买"。一些看似"买"健康的锻炼方式,实际上是加速死亡。

新闻中的一些猝死案例,就是在健康已经见底的情况下没有好好休息,而是继续锻炼,持续透支。

锻炼是锦上添花,不是雪中送炭。我无法评论这种货币思维的对错,这是个人选择。但必须承认的一个事实是,很多人在获得巨大的事业成功的同时,确实付出了巨大的健康代价,落下了周身的病痛。

有的人则采取相对保守的策略,一边注重自己的身体健康,一边缓慢向上爬,有一点小成就即可,时刻保留足够的健康货币。

**健康换财富值不值得,没有标准答案。**

这也给了我一个启发：如果我们走得不够高、不够远，可能无关优秀，而有关健康。

## 监测身体健康情况

网上经常调侃"90后""00后"提前养生。我个人认为特别好，这是爱自己的表现。当我们在乎自己、爱自己的时候，才会重视自己的身体健康。

而在乎健康，又能保证我们的职业表现以及心理状况维持在相对稳定的阈值范围内。如果想把健康当作货币，那么监测健康状况就是查询银行账户余额。

监测健康状况的办法有很多，智能手表、手机App都可以做到，网上搜一下会有很多推荐，这里不展开说了。定期体检也是监测健康情况的一个好办法。

除此之外，来自家人和朋友们的反馈也是途径之一。他们可能说，你最近脾气变暴躁了，或者最近怎么不讲道理，还有你好像一下子胖了很多，你最近总是脸色不太好。

我们不用管这是不是贬低或者阴阳怪气，而将其理解为健康状况反馈。

就像前文所提到的，这些外部评估需要我们自己来消化，然后决定如何利用。也就是说，无论别人这样说的目的是什么，我们都可以当作一种提醒：我是不是在健康方面需要注意一下？

注意，不要用搜索引擎来看病。一个病有多种症状，把自己的情况填空进去，这就是谬误归因，错误诊断了。疾病还是以医生的诊断为准。

## 我到底能有多拼

既然身体素质和奋斗强度有关,那自己能加班多长时间?能承受多大的压力?什么时候必须休息?

人体不是机器,常常变化。健康的事不是在工作开始前确定下来,而是一边工作一边评估。

第一章提到,情绪强度超出承受能力时要及时离开,保护自己。身体健康是同样的道理。我们只有在承受了一定的工作压力的时候,身体和情绪出现了一些迹象,我们才能判断出,这样的强度和压力是自己的极限。

有的人会认为,成年人得理性一些,过于在乎自己的感受是矫情,认为工作中应该隔绝感受和感情。这是非常危险的一种想法,因为保持对自身感受的觉察不只是利于心理健康,也能维护身体健康,甚至是保命。

我尝试列出了一些身体的预警信号,供参考:

〇耳鸣

〇近视度数突然大幅增加

〇下肢突然麻痹或者酸痛

〇任一手臂麻痹、疼痛

〇抽真空一般的疲惫

〇说不清的内脏隐痛

〇呼吸不畅,坐着也大喘气

〇毫无来由地想吐

〇脸色突然苍白,嘴唇发紫

〇不明皮肤病

我并非专业医生,无法列举所有的预警信号。不过这些预警信号是我个人、家人、朋友经历过的，如果突然出现一种新的体验，身体发生一些变化，要及时去医院检查。

人类的身体非常聪明，虽然不会说话，但是会通过各种迹象来提醒我们，"主人，有点不对劲"。

重视这些提醒，除了我们自己以外，其他人很难做到这么细致和在乎。

## 照顾自己的应急方案

当发现身体吃不消，除了就医，我们也可以及时休息。

孩子的朋友会跟我抱怨休息不管用，因为休息也要安排大人和小孩的日常生活，从早忙到晚。

这不是真正的休息，只是把工作忙碌变成了家里的忙碌，没有给自己的大脑和身体一个休息的机会。

不只是有孩子的朋友没法休息，有的人在休假的时候也会焦虑，上班第一天应该做什么，项目进行到了哪里，自己能不能跟上，等等。

这样的休假也是在上班，因为放不下。

我们在心理层面放下对工作的执着和焦虑，放空大脑，同时在饮食和睡眠上做调整，这才算有效的休息。

在焦虑的情绪中，大脑会分泌肾上腺素、去甲肾上腺素、儿茶酚胺等应激激素，导致心跳加快、血压升高、血糖升高等生理反应。长期的焦虑状态可能导致神经内分泌系统的紊乱，影响身体的正常功能。焦虑中的休假，健康并没有得到恢复。

想好好休息，要做好工作打折完成的心理准备。我们不追求其他人能100%协助完成工作，而是考虑谁能70%帮助我们完成，就可以了。

降低要求的前提,一是容易找到临时顶班的人,二是可以确保自己不会轻易被代替。

谁愿意看到一个临时接手的人做得比我们还要好呢?太危险了。

# 稳定力，最受欢迎的万能品质

"以不变应万变。"

有位年轻的朋友刚当上管理层，组建了自己的团队，很开心。他说，团队里有一个下属，既忠诚又有能力，打算重用。然而这位下属很快就闯祸了，跟客户对接的时候，突然大发脾气，中途走人。团队其他人急忙给客户赔不是，又送了礼，问题才算解决。

职场里，能力能不能发挥，资源能不能调用，基础是人的稳定力。能力再强的人如果不稳重，那么无论是做下属还是领导，都难以有高效产出，每一个在工作上与他有接触的人，都会为此感到痛苦。

相对的，如果一个人的能力一般，并没有特别拔尖，然而他的稳定性很好，那么这个人更可能留得最久，稳步上升。他不一定是最好的领导，也不一定是最好的下属，但是你跟他一起工作会很放心，把事情交给他，跟他合作，你会有安全感。

## 除了情绪，其他的也可以稳定

弗洛伊德认为，稳定力是一种状态。在这种心理状态之下，一个人或者一个系统能够维持自身的结构和功能，并且能够适应外部环境的变化。

换句话来说,稳定力不只是情绪平稳,也不是木讷,而是一种适应性。前面章节讨论过情绪是内心的呈现,所以,稳定力的实质是思维、行为等的应变能力,是心理弹性的体现。

我举两个例子,以帮助你理解。

阿猫是外向开朗,像是打鸡血的人。她下定决心要完成的任务,熬夜也要做。有一天,她碰到一个看似轻松的任务,然而在执行过程当中,出现了一些难以解决的问题。阿猫并没有因为这个任务看似轻松而变得松懈,她以同样的速度去推进,碰到难题就解决,不轻易气馁。

阿狗是内向沉默的人,擅长独自工作,总是一个人默默完成任务。有一天,上司让他和团队其他人一起协作。阿狗一开始有点不适应,但是很快想明白了自己在团队里的工作任务,以及探索出来如何沟通去推进工作。阿狗按质按量完成了工作,并没有变得话多,依然默默无闻,只在必须交接的时候才说话。

阿猫和阿狗两个人的性格特质,还有思维方式、工作习惯、行为模式,都没有因外部环境的改变而发生太大的变化。在外人看来,他们的状态都在预料之中。

而从他们自己的角度看来,过程当中内心会有一些起伏,一下子不知道怎么应对的时候,会直接说"这件事很突然,我有点接受不了",但是,他们很快会找到办法恢复自己的节奏,按照自己舒适的方式工作。

这就是稳定力。

稳定力这一特质是路遥知马力,长时间相处才能让别人体会到。稳定力和性格内向还是外向,一点关系没有,只会体现在具体的工作事务之中。

所以,如果你觉得自己工作能力不拔尖,也不太会说场面话,好像没什么优点,不妨看看自己的稳定力。稳重的人会给同事和领导提供大量的安全感。

我举一个反例帮助大家理解稳定力有多重要。

有的人平时好像很稳重,人缘也不差,但是过往在工作上闯祸好几次。你跟这个同事关系还可以,然而如果你有事请假,你敢不敢把手上的工作交给这个人?会不会担心接回工作的时候,错漏百出,把你的事情给搅黄?

稳定力差的人对身边的人来说就是定时炸弹,越是重要的时刻越是掉链子,难以获得同事和领导的信任和依赖。

**提供安全感,正是稳定性在职场上的优势。**

## 稳定者擅长自我关怀

稳定力在利他之前,首先利己。

第一章提到很多情绪起伏。稳定力强的人也会有情绪起伏,但是会有很强的调节能力。

近两年网上流行"糊弄学",即敷衍式回答。被别人敷衍会感觉自己没有受到重视,有点生气。但是,我们心里对自己敷衍,实际上是在调节情绪,这些敷衍的话是给情绪一个台阶。

很多人在饭堂打过饭。盛菜的时候,阿姨手抖,辣子鸡全是辣子只有一块鸡肉。你认为,以下哪种反应是具备稳定力的做法呢?

A. 在心里敷衍自己,给不满意的情绪找台阶下:算了算了。一会儿还有事,得赶紧吃,下次不在这个窗口打饭了。

B. 平静地提出要求:阿姨,鸡肉太少了,你再给我多一点吧,这哪值12元啊。

C. 再买一个菜。

D. 时间来不及了，但是这件事情不公平。于是吃完饭后给学校写了一封简单的投诉信。

以上做法，全部符合稳定力。

选A容易被人误会是懦弱，但是，内向、不爱说话的人选择A会更轻松，压力更小。选择A也可能是大度，不计较。

选B的人更外向，容易把自己的需求说出口。

选C的人不太在意钱，觉得多花点钱比说话更高效。

选D的人是心里虽然有不满，但是选择合情合理的渠道去表达。

不同性格会选择不同的做法，我在这里仅仅是举例。但总的来说，这四个选项都不会对情绪起伏产生太大的影响。

我们加大难度。

下一次打饭，又遇到了同样的情况，以下哪一种反应是具备稳定力的做法呢？

A. 在心里敷衍自己：算了算了，这破饭堂就这样了，下班再吃点好的。

B. 感到失望，不过转念想想，饭堂嘛，也不能提太高要求。

C. 非常生气，就不信没人治不了他们，于是努力找领导，想把饭堂承包人给弄走。

D. 以后每次打饭都凶巴巴地骂人。

E. 朝饭菜吐口水。

A、B选项是稳定力的做法，是不是看起来很窝囊，没有原则？结合第一步来梳理，A、B的行为逻辑如下：

对现状不满意→提出改变→抗争无效→选择对自己损耗更低的做法

这是止损的流程，是主动选择一个自己的情绪不被牵着鼻子走的选项。原因很简单："我已经申明了诉求，既然不奏效，那么生活里有更重要的事情值得去关注和投注精力。"

做一件事情有没有必要坚持原则、是不是需要放弃，只能由当事人说了算，所以C、D、E可能没那么稳定，但不一定是错的。因为我们的攻击性同样需要释放，一味压抑有损健康。

本书一开始就谈及，认知和行为是相互作用的，如果想法情绪化或者偏激，我们可以顺着情绪去做，也可以尝试使用更具稳定力的做法，去体验一下稳定力对自己的情绪和认知有什么影响。

## 稳定力可以利他

有的朋友性格内向，不善于社交，会担心自己变成职场小透明，如果裁员就会第一个遭殃。

工作能力强的人当然会受到青睐，然而不等于工作能力中等的人有生存危机。刚才提到，具备稳定力的人可以让同事和领导都有安全感，现在展开来聊一聊。

有的人工作能力非常强，甚至有天赋，老天爷赏饭吃。但是天赋型选手如果稳定力很差，协同工作会让人非常疲惫。合作伙伴无法预知他什么时候会掉链子，也无法估计项目是否能够按照计划进行。

换句话说，别人随时要做好项目会黄的心理准备。谁辛辛苦苦上班是为了把项目搞黄呢？

职场上，大家不是抱着必输的心态来豪赌，而是抱着冒险的态度去尝试。如果一个项目没有本质的问题，却被迫无法完成，最终会波及所有相关人员的职业生涯，忙活几年毫无成绩。

我们习惯性被性格外向的人吸引目光，其实不妨关注一下话不多、兢兢业业稳步前进的同事。稳定输出的人对他人的工作也是一种保障。

有的朋友信心不足，就算有机会施展自己的才能也不敢去争取，宁愿乖乖听别人安排。

俗话说得好，"人心隔肚皮"，外人哪能看出来你的自信心够不够呢？默不作声的人，看起来只是不善于言辞、勤勤恳恳工作而已，可以说，这是一种稳定力的面具。

这个面具会被揭穿吗？被揭穿了怎么办？不用管。

公司通常会要求员工写工作汇报和复盘分析，这是不善言辞的人表现自己工作能力的机会。

文件中可以写清楚自己完成了哪些工作，取得了什么成绩，没有完成哪些工作，有什么改进的计划。每当缺乏自信心、认为自己没有能力的时候，拿出来看一看，对自己有一个连贯性的了解后再对自己的优势做评估会更准确。

如果在事实记录面前，还是忍不住对自己有负面评价，那么，可以找一位没有利益关系的长辈或者领导帮助判断。

如果你觉得自己的稳定力不太好，不要紧，40岁之前，正常人都不太"稳定"，容易着急、控制不住脾气，会有迷茫以及各种各样复杂的感受。我们都是这样过来的，人生历练没有捷径。

令人欣慰的是，稳定力可以通过后天反复练习、持续体验来提高。本书之后的章节会根据具体的工作场景和问题，给出一些灵活的思维方式和工作策略，利用工作来帮助我们的内心不断成长。

想提高自己的稳定力，可以多看看第三章的内容，尤其是第三章第八节谈论的正面冲突，是对稳定力的大考验。

# 责任感，与压力成正比

"扛事儿、扛雷是一种勇气，不是讨好。"

阿猫的团队最近来了一个新人。大家对这位新人很满意，工作能力不错，还勇于承担责任。

新人在完成分内工作后，会考虑其他同事，多想一步提供方便，交接工作做得细致，其他人接手了也很顺。如果工作上出错了，新人不会推卸责任，会及时认错，迅速改正，避免造成更大的影响。

这位新人的工作风格属于有责任感，不需要讨好别人就能给人留下好印象。

我们经常会在生活中或者工作中听到大家评论一个人某种做法不负责任，另一个人很有责任感。

责任感到底是什么？大家为什么都喜欢有责任感的人？自己身上有没有这个特征呢？

## 责任感的五个特征

在哲学、社会学等领域，责任感有各种定义。到了今天，责任感广泛被认同为，能够认识和应对自身内外环境的要求，以符合个人价值观和目标的方式做出反应的能力。责任感是一种做出选择并采取行动以实现期望的结果的能力。

用概念比照阿猫的故事，可以总结出**责任感的五个特征**。

○要求自己做好分内事，是对自身有要求。

○注意到有的工作需要跟别人交接，是能够认识到外部环境的要求。

○知道对接的同事想获得的是什么，是有能力应对外部环境的要求。

○主动完成需要自己对接的工作，但不干预其他同事的工作，是以符合个人价值观和目标的方式做出反应。

○建立良好的工作关系，同样是以符合个人价值观和目标的方式做出反应。

我们当然可以只做分内事而不管别人对接的难度。然而，有责任感的人会看到别人的期望，然后主动选择不越界的协作行为，去满足这些期待。

我们不是满足别人所有的期待，而是在不冒犯别人、不损害自己利益的前提下，给别人提供一些方便。

不论是生活还是工作，有责任感的人付出了少量的额外劳动，得到了相对更高的收益。

## 为什么责任感是优势

在阿猫的故事里面，责任感带来的收益非常明显。

就个人而言，责任感会设定一个目标，鞭策自己不断进步，做事情有更强的目的性。

用考试来举例，有责任感的人会为自己的学习成果负责，给自己设置考试总成绩的目标，然后努力学习。即便中途有做错的题目也不会放弃，而是通过错题集提高成绩，慢慢向目标前进。

我在工作中发现，责任感强的人对自己有很高的要求，因此更容易焦虑，与此同时更有可能获得较大的成就。

刚走出校园的同学可能工作能力没有太大区别，然而责任感强的人会保持不断学习、紧跟市场变化的动力，十年后就会跟同龄人拉开距离。有的管理者在40岁的时候依然学习、攻读学位，不只是为了拓宽所谓的人际圈，自身也有成长焦虑，如果不进步，就是对不起自己。

可以说，责任感强的人拓宽了自己的生命宽度，同样的时间里得到了更多的收获。

对公司和组织而言，责任感强的人可以帮助组织内部更顺畅地运作。再好的制度依然需要人严格执行。阿猫的故事当中的新人会察言观色，通过观察去理解其他人的职能，然后判断自己在团队中能做些什么，主动承担多一点的工作。

能力强、为他人着想、愿意吃亏、肯认错，这样的人当领导，员工会轻松。

要注意的是，多管闲事不等于责任感。管闲事的人没有从别人的角度去考虑，而是想满足自己的控制欲，给人添堵，控制别人。

跟稳定力一样，当我们的身边有负责任的人，我们会很有安全感，我们的权利会得到尊重，也会相信自己能得到照顾和关怀。

你印象中，有这样的领导吗？如果没有，我们能不能成为那样的人呢？

## 可承担的责任强度

成熟的公司选择种子选手或者提拔员工的时候，会倾向于选择责任感强的人。

然而，负责一个项目或者带领一个团队，一个人能带好的团队规模大小和其个人可以承担的责任强度是息息相关的。

难道各种管理方法、领导能力培训，不能扩充团队规模吗？扩充团队和带出一个具有凝聚力的团队并不一样。公司规模、职级、业务需求会影响团队规模，管理方法会影响调动发挥团队能力，然而领导者能产生联结的团队成员人数，依然与领导者能承受的责任强度有关。

如果一位领导只能管理5个人，那么这位领导在带领20个人的团队时，依然只能影响5个人。超出的15个人分量的责任，则会带来超出可承担强度的压力。

责任意味着压力，责任与压力的关系是心理学领域广泛研究的重要关系。二者互相影响，互相成就，也可能互相毁灭。

承担责任除了认清自己的能力，设定目标，完成目标之外，还要为目标结果负责。如果结果不好，那责任感强的人就会有心理压力。适量的压力催人上进，过量且长期的压力会导致焦虑和抑郁。

这里就涉及一个心理学概念，自我效能。**自我效能是一个信念，指一个人相信自己有能力完成任务。**

当一个人有很强的自我效能感的时候，会有能力承担任务，并且成功地完成任务。

比如那位只能管理5个人的领导，他的信念就是只能为5个人负责，那么带领小团队会是他最有信心的时候。但是公司给他升职了，业务拓展了，团队不得不扩大，这位领导信心不足，很容易会执行不到位，比如与团队成员沟通不顺畅，分配工作乱七八糟。学习如何管理，改变不大，这就导致很多打工人疑惑"管理这么烂，怎么公司还不倒"。

**一个人能承受的责任强度跟其自我效能正相关。**

如果一个人的自我效能感特别强,他会相信自己有能力带团队,有更强烈的意愿为团队担责,团队规模会比较大。自我效能感不那么强的人,适合带领规模小一点的团队。如果再弱一些,则更适合无官一身轻。

现在,我们知道自己在工作场合中的优势是什么了。

责任感强,抗压能力强,更有可能成为一个好的管理者。如果责任感没那么强,不太愿意为他人承担过多,那么不用纠结,可以往其他方面发展。

"我与他人同在,我为自己与他人负责",这样的责任感对人的要求很高,既使做不到也不要紧。只要能照顾好自己,适当迁就别人,就已经很了不起了。

## 判断力，清扫一切杂念

"不求所有选择都对，但求少踩点雷。"

与身体素质、稳定力不一样，判断力是一个外显优势，特别抢眼。

如果我们在关键时刻都做到趋吉避凶，也没有踩到陷阱导致自己一落千丈，那么判断力有可能是自己的优势。

别人的态度也可以帮助我们确定自己的优势。如果其他人碰到麻烦了会来请教，那么判断力可以确定哪些是自己的优势。

下面做个小测试，看看你的判断力如何。

2021年，你经过多轮面试，拿下了两家公司的职位，薪酬都是翻倍。两个职位的情况如下，你来判断去哪里。

职位一：线上K12教育大机构

新部门主管，从零开始建团队。

向COO汇报，暂时没有具体的目标要求。COO很和善，告诉你工作内容和工作目标好商量。

职位二：大厂

新业务负责人，在已有团队基础上扩建，开拓新板块的业务。

副总垂直管理，对工作内容和流程没有要求，但是有具体的年终目标。

你会选择哪一个？

这是真实发生的案例，后来事实证明，两个都是坑。结尾我会展开说如何判断。

## 影响判断力的因素

有多位心理学家，先后对影响判断力的因素进行了总结。在书中，我梳理为**情绪、认知偏差、信息的可用性和批判性思维**4个因素。

**情绪因素**听起来捉摸不定。体现到具体的事项上，会变成"道理我都懂，但我就是做不到"及"我知道最好的选择是什么，但我就是不想选"。

不论我们多么否认，这种"叛逆"就是情绪的表达。情绪似乎会妨碍我们做出准确的判断，但事实是我们在下判断时，忘记了情绪因素。

如果我们转变思路，把情绪看作有用信息之一，那自己的很多行为也在情理之中了。

举一个例子，阿猫想搬家，因为原来的房子有太多不开心的回忆。每天下班回家，阿猫一进门就会很伤心，感觉还不如待在办公室。

最近，阿猫看中了一套房子，但是原来的房子租约还没到期，可能得亏一笔押金。阿猫问我，搬家就亏钱了，可不搬又不开心，该搬家吗？理性来看，没必要，然而，从情绪上来看，阿猫已经感到痛苦，无法再承受回家带来的情绪波动。这时候，提前搬家损失的押金，可不可以看作心理咨询费呢？

这样去考虑的话，搬家就是一个正确的决定。

**记得跟自己的情绪对话，把信息拎出来，理清楚。**

**认知偏差**是一个心理学概念，是指**我们在大脑中设置的捷径**。

比如看到柠檬会想到酸，这就是认知偏差，是**基于过往的经验而形成的标签化的思维**。认知偏差可以减少我们下判断的时间，然而这条捷径的有效期特别短，有时候还会把我们"骗进"死胡同。

比如在20年前，大家觉得做记者很赚钱，社会地位很高，无冕之王很厉害。20年后的今天，新闻行业的工资已经跟不上时代，社会地位也今非昔比。

**经验带来的认知偏差只能是参考，不能作为下判断的决定性因素。**

**可用的信息**在资本市场里属于高价商品。

所谓可用的信息指**对下判断有帮助的知识、消息、新闻、研究文献、专家意见等信息**。

信息的丰富程度和新鲜程度都会影响其可用性。最典型的例子是财经媒体的新闻按时间分级销售。彭博新闻社的财经信息对于投资者来说非常值钱。这些信息包含了在其他地方难以获得的、隐秘的、准确的资料，分分钟是几百万美元。

回归实际工作当中，如果你想竞聘上岗，那么了解自己的竞争对手，了解上司的利益相关性，这些信息都很重要。第四章第五节讲的高质量关系网，可以提供这些有价值的信息。

**批判性思维**是决定判断力强弱的关键性因素。

当我们拥有了海量的信息也了解清楚认知偏差以后，就需要动用批判性思维，从多个角度尽量客观地去分析和研判。

比如想跳槽去另一家公司做高管，你通过一些关系了解到公司的财报，发现公司流水虽好看，但利润很低，而且用于新业务研发的投入近乎为零，在新业态里毫无竞争力。

更让你担心的是，公司的支柱业务，其市场份额正在缩减。所以，跳槽不是只看薪资，还需要考察这家公司能活多久，能不能成为自己履历上的加分项。

这4个因素当中，情绪和批判性思维需要大量的练习来提高。在之后的章节里，我们会一起讨论如何在工作中锻炼这些能力。

## 信息清洗

信息清洗是大数据分析的标准动作，其作用是在收集海量信息时，删除无用信息或者跟分析目的无关联的信息。

我们在做判断之前也要先对信息进行清洗。比如上文中的高管跳槽，如果别人告诉你，这家公司的年假很多，每年有两个星期。这个信息对于高管跳槽来说，就属于无用信息。

跳槽跳得好能提前退休，图这两周的年假岂不是捡芝麻丢西瓜。

还有常见的竞聘升职，竞争对手是大领导的远房亲戚。你知道这个消息后，会不会认为自己竞聘成功的概率很低呢？想多了。

大领导的远房亲戚不一定是有用的信息。尤其是业务型岗位，出成绩比裙带关系更重要。所以，具体的岗位需求才是有用的信息。

如果这位大领导屡次任人唯亲，这个时候你的竞争对手是大领导的远房亲戚才会是一个有用的信息。

判断信息是否有用、是否需要被清洗，我们要多下一点功夫，**多方核实**。

依然以刚才的竞聘升职场景为例。如果一开始判断不了，那么试试**"辩护律师法"**。

○远房亲戚能竞聘成功的原因是什么？

○这个原因是如何得出的？有什么证据证明原因成立？

○除了裙带关系，跟竞聘成功有关的因素还有哪些？

○这些因素和裙带关系相比,哪一项更重要?

○为什么这一项更重要?证据是什么?

心中这位"辩护律师"不断质疑我们的判断,"逼迫"我们拿出证据来。这个质疑的过程就是在用批判性思维做信息清洗,让我们看事情更全面细致。

当信息清洗得足够明白,辨无可辨的时候再去下判断,个人情感或认知偏差的影响会减弱,准确率会高很多。

## "三个臭皮匠"的判断力

如果自己的信息收集能力不强,或者自己的批判性思维差,怎么办呢?善于**使用社会支持系统**。

社会支持系统是指一种提供给个体有效的支持,以帮助个体应对生活中的挑战和压力的社会环境。这种社会环境由**家庭、朋友、同事、社会组织和社会服务机构**等组成,可以提供**情感支持、信息支持、物质支持和社会资源支持**等服务。

换句话来说,我们自己是核心,社会支持系统是为我们提供服务的。我们从自身需求出发,建立社会支持系统,与社会支持系统保持良好的互动关系,适当的时候从系统中寻求、获取帮助。

社会支持系统可以是借钱给我们的人或者组织,也可以是我们不开心的时候安慰我们的人。下判断的时候,社会支持系统就是我们的智囊团。"三个臭皮匠顶个诸葛亮",有社会支持系统的人不但更有安全感,也更"聪明"。

信息不够,多一个人帮忙,信息就翻倍,三个人那就有三倍的信息量。同样,想提高批判性思维也可以请他人来帮忙。刚才"辩护律师"的质问,是不是有不同的角度?是不是咄咄逼人、毫不客气?如果这两项工作交给外人，而不只是停留在内心，也会变得简单起来。

批判性思维是从尽量多的角度去分析和研究。假设一个人有两个角度，那么三个人就有六个角度，有效地提高了批判性思维。

有的人可能性格比较内向，没有什么朋友。这种情况下，可以向信任的领导或者长辈请教。

在之后的章节里，会专门讨论如何建构自己的社会支持系统。

## 跳槽时的陷阱信息

最后，我们来答题，分析一下上文提到的两个跳槽信息。

陷阱信息一：行业

虽然两家都是大公司，但是第一家是线上教育行业，这个行业正在急剧萎缩。

第二家公司是大厂，然而这两年出现了几次大厂大幅度"毕业"的消息，公司大不等于铁饭碗。

陷阱信息二：新业务、新部门，工作内容没有具体要求。

很多人误以为这是权力大、自由度高的意思，实际是高层没想好新业务有什么用，也不了解新业务，所以放权让空降管理者来试水。试成了留人，不成了辞退。

这个消息可以向公司员工打听，也可以请教做行业研究、尽职调查的人，网上匿名问也可以，我的公众号"食髓知味"就常常收到这类匿名提问。

做好信息清理，用批判性思维多个角度去质疑，可以少吃点亏。

# 适应性,持续赢的能力

"成长是对抗淘汰的良药。"

离开学校进入社会工作,我们会经历两个重要的淘汰期。

第一个淘汰期是刚工作的第一年、第二年,面临着从学生身份转变为社会人身份。

每一家公司、每一个部门的相处规则、工作内容都不一样,我们必须无师自通地适应工作。尽管大家对刚毕业的新人会宽容一两年,但是这一两年如果没适应好社会人的社交和职场规则,很容易跟同龄人拉开距离。适应得好,被看重,适应得不好,被边缘化,工作三五年都困在同一个位置上。

第二个淘汰期是30~35岁。30~35岁的人所面对的淘汰压力是同一类型,都是跟不上市场变化。进入舒适区待了几年,当了小领导,正是舒服的时候,市场或者科技发生了变化,之前积累下来的工作经验突然被清零。自己如果不跟上新形势可能被淘汰,跟上又不如年轻人有魄力、有体力,拼不过。

这时候有一些运气好的年轻人,一下子成了自己的上司,自己必须学会怎么跟有代沟的年轻人沟通。这些变化都容易引起第二次被淘汰。

然而变化是永恒的，偶尔出现的舒适区反而是罕见的。与其焦虑自己什么时候被淘汰，不如调整自己，保持一种适应变化的工作状态。当我们保持着可以适应变化的状态的时候，淘汰期有可能变成机遇。

比如2022年底冒头的ChatGPT，以其高超的算法迅速成为不同行业的焦点话题，每个行业都有人在担心，自己的工作会不会迅速被AI所取代。然而在ChatGPT出现后的两三个月，微软相继推出了搜索引擎Bing的迭代和基于Office生态的Copilot，快速冲入AI战场中。

这里不展开讨论各家AI技术的高低，微软作为电脑行业的老大哥，按道理应该是老古董，理应被淘汰，毕竟诺基亚错失智能机也才不到20年。

然而微软和众多有远见的公司一样，像天使投资人一般对自己投入了时间和资金到新技术的研发当中，一边研发一边观察，把囤积在手的"可能性"增增减减。

时势造英雄，机会一出现就拿出完成度70%的成品，即便并不完美，也已经赢了同行大半个身位，在竞争中脱颖而出。

这些机遇不是天上掉馅饼，是企业在经年累月的舒适区工作，依然保留应变和学习的能力。当变化来临时，就有能力可以参与到这些变革当中，继续分一杯羹了。

今天我们就从心理学的角度来讨论一下适应性。

## 适应性解救淘汰期

机能主义心理学派先驱威廉·詹姆斯，在1890年出版的《心理学原理》中提出，适应性是一种能够使个体适应环境的能力。

换句话来说，环境不但在过去塑造了个体，还会在个体成形后，持续地对个体产生影响。原生家庭不是万能的，我们也不是只靠本能生活的动物，依然有改变的希望。

有关适应性的定义非常多，在这里，我参考爱德华·李·桑代克提出的概念，从职业生涯的角度来展开讨论。

爱德华·李·桑代克通过研究发现，认知适应性是改变个体思维方式和行为以适应环境的过程。个体的行为受到环境的影响，而且个体可以通过学习来改变自己的行为，从而获得满足和成功。

"学习"是非常重要的词。我们在一开始就提到，从学校进入社会、从技术熟练到技术生疏是两个主要的淘汰期。学习，是应对淘汰期的办法。

我们在一开始就提到，从学校进入社会、从旧的舒适区进入新的技术区，是职业生涯当中两个主要淘汰期。如果我们注意观察，会发现那种可以迅速适应公司的工作内容变更，或者当新技术出来后能在一年左右调整自己的工作内容的人，通常具备很强的学习能力。

闲来无事看各种行业信息，自学最新的行业技术，主动请教相关领域的朋友。这些做法可能不会当下变现，但是这个习惯可以让自己不掉队。

## 终身学习

有一段时间，大家会觉得学习是被制造出来的焦虑，人并不需要那么多的学习。

在工作了十多年以后，我发现这句话不对。学习有可能是因为焦虑，然而有更多的人是从学习的习惯中有所收获，看到自己进步，与别人有更多的话题，感受到社会思潮的变迁，身体变得更健康，职业发展的可能性，等等。这些收获成为学习的动力，让人越学习适应性越强，形成良性循环。

举个例子，老媒体人学习写新媒体的标题。我是传统新闻出身，有的老新闻人其实很反感新媒体的标题的写法，认为那是虚假夸张的标题党。

这是用极端思维来制造借口，拒绝学习和改变。除了严肃难懂的新闻标题，就只有虚假夸张的标题党了吗？肯定不是。如何写出既有吸引力又不会没有底线的标题，正是媒体人的本分工作。如果停止学习，和变化成为敌人，恐怕是主动让自己掉队了。

学习可以是行业培训，可以是学历学位教育。有的大公司还会有内部的职业成长计划，都是不错的学习机会。当工作发生变化的时候，我们已经在学习的路程中，只需要顺应变化就可以安稳度过淘汰期了。

## 合理范围内改变行为

爱德华提到的适应性概念当中还有社会适应能力。社会适应能力是指，个体改变行为和态度以适应社会环境的过程。

比如，社会普遍认为35岁的程序员不能熬夜，不如年轻人能干活。

职场上的年龄歧视客观存在。然而，这并不是针对个人，而是企业从用人成本的角度强加给员工的标签。我们从个人角度来看，年纪大了熬不动，无法继续透支自己的健康，那么在熬不动之前要未雨绸缪，提前参考其他的不用健康换金钱的工作道路。

同时观察外部环境对于35岁的人有怎样的期待，比如应该有管理经验，有较强的分析能力和策划能力，拥有更高效的流程管理能力，等等。具备较强社会适应能力的人会根据这些期待，结合自身调整自己的工作重心，同时改变自己看待工作的态度，以此来适应外部环境的变化，以及外部环境对自己的理解。

类似的刻板印象还有很多，女性已婚已育就无法投入工作中，北上广的本地人光收租不进取，农村孩子没见过世面，做业务的不会做管理，做人事的不懂业务，等等。

可以说，我们只要活着，就会被贴上各种标签。如果我们被这些带有偏见的标签困住，会觉得无处可以下脚，处处是敌人，哪条路都走不通。

仔细想想，是不是有这样一个人，不一定很出众，但也不会垫底，有变化发生的时候又总能悄悄跟上大部队的节奏。那就是比较理想的状态了。

## 保持好奇与开明

影响适应性的因素有很多，比如学习能力强的人，更容易掌握新的技能，或者心理弹性大的人，能屈能伸。然而在这些因素产生影响之前，有两个先决条件：**好奇和开明**。

试想想，一个人认为自己什么都懂，又固执，你因为工作不得不跟这个人汇报你对市场新动向的分析，对方会听吗？

○ "你这看法不成熟，你还是资历太浅了"。

○ "你这都是瞎想，这些数据没用"。

○ "别人公司做得好那是别人运气好，没有参考价值"。

○ "我吃过的盐比你吃过饭还多，听我的"。

○ "你这样的人在以前早被扔出去了"。

是不是"爹味"十足？一方面否定你的认知，另一方面让你闭嘴不许你表达，事事要压你一头。对方把学习的大门关上了，认定世界就是原来那样，没有变化，新信息、新技能不得入内，因为没必要。

好奇是学习的动力，没有功利性，充满趣味。保持好奇可以帮助我们在较少甚至没有内耗的情况下，学习到新知识。我很喜欢在不同的行业群观察网友聊天，除了能吸收不同行业最新的信息之外，我还能观察到从业者的性格等特质与其所从事的行业关联。

比如从事金融行业的人会有投资思维惯性，做事情的时候会考虑投资回报率，会考虑宏观对微观的影响；做内容的人自带资料库功能，表达方式花样百出；学过心理学和哲学的人，则会更多引用理论和概念，用一种"不接地气"的方式来聊天。

这类闲聊有一定的门槛，但含金量也不少，常常说的"潜移默化""环境熏陶"正是在沉浸式聊天中习得了思维模式。当我们抱着好奇的心态去观察，听到新的东西时就不会水过鸭背，而是掌握了新的知识点，见了世面。

好奇还能帮助人迅速适应新环境。跳槽或者原地升职都是进入一个新的角色，保持好奇可以让我们减少恐惧，像哥伦布发现新大陆一样，抱着"这是个什么东西？让我了解了解"的学生心态，把每一个新的人、新的情况，都看作一次开疆拓土的机会，减少因为缺乏安全感而过度施展控制欲的错误操作。

开明是一种宽容、不抵触的态度，或者说，防御性低的一种处事态度。

我们肯定在生活中碰到一种攻击性特别强的固执者。我们做了一些新的事情，跟别人无关，然而这种人不去了解，张嘴就是一顿骂。尝试跟其解释，又会被骂顶嘴、抬杠。固执的人容易有攻击性，就是不开明。

还有一种不开明的人是傲慢者，看到新的东西认为都是老一辈玩剩下的，没什么了不起。

这两种人会让别人难受，自己也会失去适应新时代的机会，将自己困在了原地。

开明的人会放下评判，也不抱怨，而是选择听别人的看法，默默去了解新知识，少了急躁和不安。开明的心态对于之后章节中提及的具有挑战性的"格局"也很重要，格局必定建立在兼容并包的基础之上。

当我们保持着好奇与开明，允许自己打开心门，新知识、新信息才有机会进入我们的视线，获得重视。

## 与能力无关的职场优势

这几个职场优势跟个人能力没有关系，也不受行业的限制，更不会受到岗位的限制。

我在很多人身上看到过这些优势，我也会直接告诉对方这些颇具竞争力的特点。有的人会反问我，这些优势这么多人有，我有又怎样呢？没必要那么自信吧？有必要，因为绝大部分的人没有"自知之明"，意识不到自己的优势，空守宝山而不自知，自然也难以发挥优势了。

与职业能力不一样的是，这些优势是基于心理特质的优势，会因为年岁的增长变强，一旦拥有很难失去，会成为我们在职场上长久的拳头"产品"。

好好挖掘自己的优势，多维度地去了解自己，会让我们在工作当中更有信心，碰到难题不慌乱，也不会病急乱投医错信坏人。

接下来，我们结合第一章的内心需求和第二章的优势，谈一谈如何在工作环境中获得力量，不断强化自己，变得淡定又强悍。

# 03

## 第三章　打造你的支持系统

# 满足内心需求，定制你的职场社交规则

在开始第三章之前，复习一下第一章的内容，来回答以下问题。

○ 自己印象最深刻的是哪一件事情？

○ 当时自己的情绪是七种情绪里的哪一种？

○ 出现这种情绪是因为事件的其中一个环节，还是事件涉及的某一个人？

○ 让你不满意的点具体是什么？

最后一个问题：**把不满意的事情变得让你满意**，应该怎样做？

最后一问正是第三章的内容：确定并建立你的社交规则。

我简单说明一下为什么会这样设问。

印象最深刻的事情通常是最在乎的事，也是个人边界被侵犯得比较深的地方，从这里入手，把自己的不满意讲明白，可以准确地降低因边界被侵犯而产生负面情绪和情绪内耗发生的概率。

我们可能一开始无法准确表达自己不满意的到底是什么。举个简单的例子，别人给我倒了一杯冷茶，我不满意。这个场景听起来我不满意的原因是茶不热，冷了。然而触发我们不满意的场景通常包含多个变量。这个例子里，我需要慢慢体会才发现，自己真正不满意的是别人倒了茶而不是水，至于茶冷茶热不是重点。

我举这个例子是想讲明白，每个人对边界的要求都很细腻又难以言说，需要不断地觉察，属于自己的社交规则才会越来越清晰。

当我们准确表达了自己的社交规则，并且要求别人配合的时候，不论对方是否配合，我们都会感觉自己对社交有了控制权，不会那么容易受伤，会变得更有安全感。

前两章的内容偏自我探索，第三章和第四章会有非常多的方法论。只谈自己的感受并不会改变现实世界，我们还需要一些有效的措施，让自我与外界产生互动，帮助自我在现实里找到一席之位。

我会尝试把方法论结合感受一并来解释，举一反三，希望你能找到适合自己的操作办法。

## 边界感四字诀：不、是、有、真

边界感在学界是比较新的心理学名词，是指一个人对自己与他人之间的身体、情感和心理边界的感知和认知。它涉及一个人如何定义自己，以及如何与他人建立关系。

边界感不仅要求别人，也要求自己。通俗来说，边界感是**知道自己有所为有所不为，也让别人知道和自己相处时，要有所为有所不为**。

用四字诀帮助大家记忆：**不、是、有、真**。

○ "不"就是不想要的。回忆第一章，从情绪入手，自己不希望哪些方面被干涉，自己不希望被如何对待。

○ "是"就是想要的。结合第一章，自己希望哪些方面被关注、被怎样关注，自己期待的职场社交分寸是什么。

○ "有"指可提供的。参照第二章提到的个人优势，自己拥有什么，社交货币是什么。

○ "真"是指可实现的。边界不一定任何时候都划清，这时候不用苛责自己，分辨出哪些地方能实现社交规则，哪些地方要做隔离，还有哪里可以实现，就可以了。

带着边界感的定义，我们回看第一章，不难发现好几种不良感受都是因为个人边界遭到了入侵。

以自我怀疑和自我否定为例，其他人的负面评价都属于对个人边界的入侵，干扰了自我。然而，我们工作做得好或者坏，其他人其实没有资格评判我们的"为人"行不行，就算是老板，也只有资格说我们的"事"做得行不行。

换句话说，就事论事可以，人身攻击不对。

这两者有非常大的区别。公司通过设置绩效考核来进行管理，绩效考核的评判对象是工作效果，不是工作的人。

比如，阿猫感冒发高烧，烧糊涂了，这时候干活很容易出错。万一出错了，是阿猫的人品不行吗？还是智力不行？都不是，是阿猫在生病的状态下工作，出了差错。

人非圣贤，孰能无过？人不是机器，状态有好坏很正常。人也可以犯错，普通人偶尔犯个错，天不会塌下来。

自我怀疑和自我否定固然是别人主动用评判的方式侵犯我们的边界。然而从另一个角度来看，我们没有及时在认知上划分好边界，错误地把别人对事的评价，强行认为是对自己的评价。

比如，有人公开诋毁阿狗人品差、做事不行，阿狗本来很生气，可仔细一听发现对方胡说八道，正找出气筒发脾气呢，跟自己一点关系没有。阿狗翻了一个白眼，也不管其他同事怎么看，心里想："关我什么事！信你一句算我输。" 阿狗的核心自体就比较稳定，不容易被影响。

阿狗在认知上就设定了边界，不会把别人的负面评价都当真，自己会甄别。

阿猫觉得阿狗的做法很不错，于是学了起来。当被人诋毁的时

候,阿猫立即反驳道:

"我不认同你的评价,这些评价对解决问题没有帮助,而且我觉得是攻击我个人,让我感觉不舒服。我能理解你不开心,不过希望你平复一下情绪,我们再来讨论各自能做些什么,好好解决问题。现在先别急,慢慢想一想,再谈不迟。"

阿猫这段话讲清楚了需求,"不想要"别人带着情绪和攻击性去讨论事情,"想要"别人冷静理智地一起商量,解决问题。阿猫能提供的是协作能力,一起解决问题,还提供了共情和包容,理解了别人的情绪,没有因为别人有情绪而评价别人的为人。阿猫也确信自己不存在同事诋毁的那些事,作为平级,阿猫主动划清界限合情合理,很安全。

"不"和"是"必须说出口,像说明书一样告诉别人怎样与我们相处;"有"和"真"则用于以下判断,可说可不说。

判断很重要,阿猫的情况要是发生改变,会是另一种划清边界的方式。比如,阿猫非常想一起解决问题,但是身体很差,生了一场大病,这个时候,阿猫的边界不再是提出一起解决问题,而是阐明自己的困难,提出不再跟进,多点时间休息。正如飞机上的安全演示,先照顾好自己,有余力再照顾别人。

正如边界感的定义所说,自己愿意,也要考虑身体情况、心理边界情况,还要参考其他人的身体、情绪和心理边界,最后才能确定自己的边界在哪儿。

## 用"表达"建立边界

在第一章的"被冒犯,源于心理边界的'表达'缺失"中提到,边界需要被表达。我们不能默认其他人自动自觉遵守我们的边界。

我所说的表达包括言行两个方面。

**言，即讲清楚边界；行，即执行边界。**

阿猫的拒绝话术是一个常用的边界表达公式：

○ 我不想要什么？

○ 我希望的是怎样？

○ 我能做的是什么？

这个表达公式很短，然而在建立边界时，精准地说出这三点还是有一点难度。

刻意练习会改变行为。如果无法顺畅地说出这三点，那么拿出纸和笔，开始练习。依然使用场景代入法，回忆一个你没有反驳或者反击，感到憋屈不爽的场景。如果用三段，你会怎样讲清楚自己的边界呢？

用纸和笔写下来，写的时候注意尽量简短，最好140字以内，太长的边界表达别人容易听不懂。

写好以后，反复念这一段话，甚至背下来。刷牙的时候，脑子里想一想，上班路上说一说。这个办法虽然笨，但非常有效。如果再碰到类似场景，最笨的我们也能下意识地顺畅地讲清楚这三段话。

边界表达公式非常好用，在发生冲突、索取资源、请求帮忙等方面都是在这个表达公式的基础上做演变。边界表达公式用得越多，应变能力会越强。

接下来就是执行边界。

有的人会问我，我明明说了不喜欢，为什么对方还一而再再而三呢？我通常会反问一句，那你表明立场了以后他第一次违反你的意愿，你做了什么呢？很多人会说，他只是过分了一点，不像以前，也还好吧，所以我没吭声。

这种有教养又宽容的行为，在得寸进尺的人眼里就是一种默认，甚至是纵容。

我们的好教养和宽容,要留给尊重我们的人。**不尊重我们意愿的人,不配获得我们的善意。**

不吭声其实传递出一种信息:你可以践踏我的底线。

如果你跟别人说不吃辣,希望吃饭的时候点些不辣的菜,然而别人就不听,点的全是辣的。你不但不反对,还微笑着陪吃。那你提的不吃辣的要求,是不是显得很虚伪?恐怕别人不会再相信你的"反对"了。

"语言上的巨人,行动上的矮子"指的就是嘴巴上讲得很清楚,但是行为上处处让步,没有很坚定地执行自己的边界。当我们言行不一的时候,别人就会认为我们说的话不重要,而且可以欺负人,一步一步去践踏底线。

当然,职场上并不是时时刻刻都适合表达边界。当我们碍于领导或者其他原因无法表达边界的时候,可以参考甘地的"非暴力不合作"策略,用懈怠、佛系、不作为、拖延、模糊其词等委婉的手段,也是表达边界的方法。

要注意的是,边界表达必须表达清楚且言行一致。只说不做显得虚伪,只做不说则是冷暴力。冷暴力对于人际关系没有益处,既不解决问题,也不减少矛盾,还会恶化关系。

## 边界的弹性

边界的弹性有两个维度:一是**时间上的弹性**,二是**因人而异的弹性**。

边界并非永恒不变,会随着我们对自己和他人的认知而变化,可以说一辈子都在变化。

比如有的人边界感很弱，喜欢多管闲事，喜欢打听别人的隐私，等到吃了苦头遭了殃，惨遭现实的毒打，那么这种人的边界感就会有所调整。

人总会主动选择对自己的生存更有利的做法。

同样，一个人的边界感特别强，一旦有人触碰到边界就暴跳如雷，非常严苛。这种情况有可能是触碰边界触发了防御机制，认为自己受到了很强的攻击，必须保护自己，抵御这些攻击。那么愤怒就是抵御攻击的表现。

当这位边界感很强的人经历了一些边界受到小小的侵入，自己依然安然无恙的情况，那么"边界神圣不可侵犯"的观念有可能出现松动，被冒犯一点点也不要紧。这个时候，边界会有所调整。

面对不同的人，我们的边界也不一样。陌生同事过问工作上的事，我们会有防备，伴侣过问工作上的事，我们会觉得被关心和被在乎。

关系亲疏影响着边界，所以突然的询问特别容易让人不舒适。但有时候又不得不问，被迫推进合作，这时候先获得别人的同意，"有件事情想请教，不知道您方便告诉我吗？不说也没事"，把选择权交给别人，获得允许后再谈正事，会得体很多。

要注意的是，"好学生心态"有可能导致我们出现假的边界。好学生会把别人定的规矩照搬到自己的内心当中，东施效颦。别人的规矩一定适合自己吗？巧合的概率很低。

如果我们照搬了别人的边界，比如家里的客房时刻要迎接客人来过夜，但是自己心里很不爽，这个边界就是假的，违背了四字诀中的"真"。

碰到"应该不计较"但"真的不舒服"的情况，不妨回到四字诀，重新再梳理一遍。**自己不喜欢的事，安心地不喜欢，不想做的事，安心地不去做**。调整自己的边界，调整自己的社交规则，可以减少自责和内耗。

没办法说出口"不想要"和"想要的",怎么办?这是一个"如何索求"的问题。求助是最基础的索求,这一章的第五节会提供方法论。进一步轻松又有效的索求,要求会更高一些,在第四章第七节会讲到。

# 控场，展示你的社交面目

"请收好，这是我的社交说明书。"

社交规则比较严肃，触犯到边界，或者碰到重要的事情才有必要展现。总这么绷着会精神紧张，在普通社交里，我们常用的是更为松弛的社交面目。

社交面目并不是一个心理学的概念，是我为了方便说明，在书中使用的一个名词。

与人格特质等学科定义相比，社交面目是一个生活化的表达。要注意的是，社交面目不是社交面具，面具是假的，用于隐藏真正的自我，而社交面目是我们真实人格的一部分。

我们每一个人的人格特质都包含很多方面，然而在工作场合当中，我们没必要展现所有的特质，甚至没必要被喜欢。

原因有三。第一，没有展现的时间，工作场合大家都忙着工作，我们展现个人特质的机会其实不多。第二，工作场合目的性强，感性不会被排斥，但并不是必需品，过多的个人特质展示是喧宾夺主。第三，也是最重要的一点，如果在一个场合展示所有的个人特质，那我们就会提高对职场的期待，希望收获正面的评价或者反馈。

保持适当的个人空间，我们会有更多的弹性空间，不会执着在一个地方满足所有需求。

## 第一原则：真实

**塑造社交面目的第一原则是真实。**

除了谈恋爱，我们跟大部分人相处都不用哄对方开心，或者被人喜欢，所以带着真实的、不那么讨喜的自己去工作，没有问题。需要知道的是，"带出去"的那部分真实自我会奠定自己社交面目的基调。

比如，阿猫是脾气很急的人，"脾气很急"就是阿猫社交面目的人格基调；阿狗是精力充沛的人，"精力充沛"也是阿狗社交面目的人格基调。

我们最难改变的人格特质，通常会奠定社交面具的人格基调。如果强行伪装成另一个人，短期内似乎没问题，长期下来是对真实自我的否定。

换句话说，**长期活在不真实的人物设定当中，会带来极大的内耗、影响心理健康**。如果我们强行要求阿猫变成说话慢悠悠、做事慢悠悠的人，阿猫会非常痛苦。同样地，我们要求阿狗变成一个"佛系"的人，不许那么"卷"，阿狗一样会非常痛苦。

有意思的是，我们很难准确地定义自己的人格基调，因为我们从出生开始就跟自己相处，惯性思维是"我"本位，**默认自己是标准值，其他人是与自己不同的差异者**。

以我自己为例子，我一直认为自己不外向也不内向，讲求中庸之道。当非常多的朋友问我，为什么你那么活跃、在不同的圈子总能认识人等问题的时候，我才意识到原来其他人在社交时会害怕和害羞，而我并没有这两种感觉。当我把自己当作标准去衡量自己的行为时，这个判断很自我，偏差极大；当我通过外界的评价了解自己后，我才明白，原来善于社交是我的其中一个社交面目。

我们可以向亲近的人索求反馈，可以用多个问题去追问。

○ 你对我印象最深的特点是什么？

○ 我做了什么事情让你记得我这个特点呢？

○ 还有哪些人也是这样的？

○ 其他人怎么做事呢？

○ 什么情况下我这个特点能派上用场呢？

这几个问题跟个人优势有点像，但不太一样。个人优势向内，自己知道；而社交面具是向外，别人以为。也就是说，**别人的看法有可能是偏见，和真正的"我"不一定相符。**

1000个人眼里有1000个哈姆雷特，这些提问不是为了得到夸赞或者认同，只是帮助我们了解自己的社交表现而已。

## 面目要清晰

塑造社交面目和确立社交规则的区别是，社交面目涉及的事情要小很多。来看一个对比。

阿猫很反感别人探听她的隐私，这是边界。阿猫不爱吃羊肉、爱吃海鲜，这是社交面目。

社交面目和我们的说话风格、外向还是内向、个人喜好等"人性化"的表现相关，可以快速拉近关系，又不会暴露过多个人隐私。

比如很多人苦恼于自己不会闲聊，也不乐意讲八卦，又想跟同事有分寸地相处。这种情况下，展示社交面目即可。

社交面目展现自己喜欢什么、不喜欢什么，好恶是非常好的讨论话题。比如阿猫不爱吃羊肉，就可以问问其他同事，你喜欢吗？为什么喜欢？你还喜欢吃什么？哪里的好吃啊？能推荐一下吗？你会做饭吗？难不难啊？

这些聊天都是闲话，但是会让人觉得你容易亲近，不是一个冷漠的人，你也不用头疼聊什么闲话、谈什么八卦了。

**社交面目让别人知道我们的好恶就行，话题不需要以我们为中心。**

在表达自己喜欢什么的时候尽量少用"我"字，这跟边界表达非常不一样。一起来感受一下两种表达的区别。

"海鲜好吃。"

"我爱吃海鲜。"

这两句话的主语是不一样的。第一句话的主语是海鲜，关注的点是"海鲜"；第二句话的主语是"我"，关注的点是"我"。如果以"我"为重点的句子多了，一场聊天就全是"我我我"，似乎在争抢别人的注意力，反而会推远距离。

至于表达拒绝，由于社交面目涉及的都是鸡毛蒜皮的小事，所以表达拒绝可以很委婉，甚至不需要说出"我不喜欢"，用委婉句式，"我不了解""不太适合吧""没听说""再说"，婉拒更适合。

婉拒是不是过于迁就别人，缺乏个性呢？我们不需要在鸡毛蒜皮的小事上争输赢，也不需要在小事上搞辩论赛。社交面目从始至终是让对方找到接近你的话题，打开话匣子，跟你产生对话。**在小事上持保留态度，对扩大社交圈很有帮助。**

## 线上线下的区别

线上的社交方法要比线下的简单很多，我们**不需要对热点的事情发表多高明的见解，点赞和转发就可以了。**

很多人不喜欢在社交平台上表达自己的观点，然而又希望能有一个社交面目利于自己的职场人际关系，那么点赞、转发是最轻松的做法。不用多，一个星期有一两个就足够了，表明自己参与到社会潮流当中，展示自己的社交货币，为别人提供一个打开话匣子的机会。

至于线下社交，职场中更常见的形式是聚餐、团建，都是很好的展示社交面具的时机。

社交面目**没有对错和优劣**的区别，大家可以放心选择自己舒适的类型。线下社交有三个类型：**热场型、捧场型、观察型**。

○ 热场型

逗哏和捧哏。

比较适合反应敏捷，能说段子，性格开朗，不怯生的人。任何一个场子都有这样的角色，也是领导最喜欢的角色，觉得拿得出手。

○ 捧场型

台下鼓掌的观众。

很多人纳闷，鼓掌的观众怎么能成为一个社交高手呢？细想想，没有观众鼓掌，逗哏和捧哏表演给谁看呢？台上是主角，台下是配角。我们做不了主角，可以在台下鼓掌，喝个彩，鼓个劲儿。捧场的人也很受欢迎，能带动现场的气氛，可以回应热场型的人。

○ 观察型

电视机前的观众。

观察型没有捧场型那么投入，也不会像热场型那么抢眼，然而每一个场子都需要凑人头。主角在上面讲段子，配角在底下起哄，起的是谁的哄呢？其实就是希望观察型的人回应这些起哄。那观察型必须回应吗？可以回应，也可以不回应，看看就行。主角光芒很强的人，被围观也会很满足，观察型的人做背景板也是很不错的选择。

很多人误以为，只有热场型的人才会在社交当中吃得开。其实不是，这三种社交方式我都尝试过，发现这三种类型就像金字塔的顶部、腰部和底部，人数逐层递增。当我成为一个观察型的人的时候，同伴非常多，甚至有一种归属感，很安心。

## 不惧真实，不必讨喜

社交面目越清晰，越容易跟人产生联结，获得帮助。

谈社交面目是为了后面的一些知识点做准备。不必担心自己的真面目不讨喜，社交面目并不是用来讨好别人的。

社交面目是一个大孔筛子，用真实的自己跟人相处，筛出跟自己能相处的人，逐步建立社会支持系统。第四章第五节、第六节，会详细论述建立社会支持系统的方法。

当出现一些麻烦，向人求助，甚至是在职场上更进一步的时候，如果我们有了基石，就不会孤单无助，焦虑、彷徨、害怕也会大幅度减少。

现在，我们对内制定好了社交规则，对外做好了社交面目，接下来，我们学习如何使用社交面目，展现职场上的个人价值。

# 有礼貌且让你有所收益的正向聊天法

"虽然我不是社交高手,但其他人对我印象过得去,这就够了。"

## "社畜"解脱之道

很多人自嘲是"社畜",因为只有生存,没有生活。

这种"非人类"的感觉,是因为除了脑力和体力劳动,我们还付出了大量的情绪劳动。这个词比较新,社会学家趋向于定义为:员工为了满足组织的期待,而改变自己的情绪表达。

简单点理解,不管你愿不愿意,公司要你成为"狼来了"里面说谎的小孩。

职场上对"成熟"有自己的一套定义:你得**切割情绪和工作**。所谓切割,实际是压抑自己真正的情绪,甚至去改变、伪装自己,迎合工作场合的要求。很多人听过外向者通过社交充电,内向者通过独处充电的说法。事实是,**外向者和内向者一样不喜欢情绪劳动,下班回家要歇息好一会儿,才有力气说话**。

你的朋友圈里肯定有人下班了依然精力充沛,能健身、做饭、画画。他们的工作不一定很轻松,但是他们的情绪劳动没有过量,所以心理效能感比较好。也就是说，降低情绪劳动的强度，我们会有更多的能量去照顾自己、关爱自己，不再是谋生存的"社畜"，而是拥有生活的人。

我们先从多余的社交下手，做减法。职场闲聊越多，越容易出现不必要的情绪消耗，这个时候，正向聊天法就派上用场了。

**正向聊天法，是减少情绪劳动的无意义社交方式。**

掌握正向聊天法后，以下几种情绪劳动会大幅度降低：
○减少自己的情绪被别人的言语、态度、情绪所牵制。
○减少争执，不主动挑起矛盾。
○减少说违心话，恰当地表达情绪，不压抑自己。
○减少突发情况对自己的冲击。
○减少僵硬的面部表情和肢体动作。

正向聊天法特别适合社恐的人，掌握了以后，拒绝别人也能理直气壮起来。不过要注意，正向聊天法不是消灭情绪，情绪是我们的一部分，消灭情绪就是消灭自我。我们要做的是减少**不必要的情绪消耗**。

## 边界感让你更自在

我在带领团队的时候观察到，很多员工之间的矛盾、争执、敌意是因为边界不清。正向聊天法最明显的改变是**帮你划清边界**。

很多网友跟同事聊天感觉尴尬，有时候"不舒服"。不论是尴尬还是不舒服，都是源于**你不信任的人突破了你的边界，侵入你的私人领域**。这就好比你四仰八叉地躺在床上，突然有个陌生人强行打开你的房门，冲进来坐在你床边一样，你会没有安全感，很不舒服。

正如美国哲学家梭罗在《瓦尔登湖》里所写的那样："个人就像

国家一样，在他们之间也必须有合适的宽阔而又自然的边界，甚至有一个相当大的中立地带。"

我用一个现实中的职场场景来帮助你理解。

今天，应届生阿猫第一天入职。隔壁部门的阿狗很热情，主动跟阿猫聊天。

"你是哪里人啊？爸妈做什么工作的啊？"

"你爸妈不催你回老家啊？"

"在这里买房了吗？不在老家买房吗？"

"有男朋友了吗？哎呀，年轻人还是早点结婚的好。"

"你工资多少？"

"你吃的是什么？哪里买的？多少钱？你为什么天天都吃这个？"

这是阿猫第一天入职，热情的阿狗已经在打听家庭情况、未来规划、生活细节。

阿猫内心一定翻江倒海，不回答显得自己端着、清高、没礼貌，回答又觉得不舒服。这个时候，第一章提到的委屈、暴怒、焦虑、害羞等情绪就会冒出来。阿猫可能哑口无言，可能生气回怼，可能紧张口吃，感觉很不愉快，倍受挫折。

**过问别人不愿意谈的私事**，是职场上常见的突破边界的社交行为之一。

除此之外，还有以下三类突破边界的情况：

○ **命令你按照他的意思做事**

"你这么说话不行，你得学我，知道吧。"——明明是平级，却端起架子教训人。

"给我带早餐，什么钱不钱的，别那么小气。"——你已经帮他买早餐三个月了，一分钱没收到。

"本人于××时间在××地举行婚礼。人不到礼得到。"——从没说过话的同事突然加你微信,只说了这一句话。

○ 强行把你拽到有关别人的私事或你不感兴趣的聊天当中

"你知道某总跟某总上次出差住一起吧?平时你有没觉得他们不对劲啊?"——传闲话让你身陷风险。

"这个明星不行,你看看他都做了什么,你看你看!"——你不认识这个明星,也不在乎。

"南方人太差劲了。你是南方人?难道你觉得南方人行吗?"——你根本不在乎哪个地域行还是不行。

○ 你渴望别人为你负起责任

"我们聊得这么好,为什么他下班就不回信息我了?"——你期待工作关系延续到生活里。

"我这次被骂,还不是因为他不帮我!"——你认为别人应该为你的遭遇承担责任。

"他怎么不帮我骂那谁,我可讨厌那谁了!"——你期待别人替你维护秩序。

前三种是别人侵入了你的边界,最后一种是你希望别人侵入你的边界。边界感不强的人,还没学会关上睡房的门,阻止不了别人冲进来,也意识不到自己哪些行为是邀请别人侵入。不论是哪一种,你都会感觉不舒适,增加不必要的情绪劳动。让自己好受一点的办法就是**使用正向聊天法划清边界,用最低的消耗去应对以上四种情绪劳动。**

## 如何划清边界

正向聊天首先要确定边界,**聊天规则就是你的边界**。

怎样算边界外,怎样算边界内呢?

第一步，拿出一张纸，**写下10件你允许同事跟你聊的跟工作无关的事。**

注意，是**"你允许"**。现在你就是老大，你能决定一切，放心大胆地制定规则，这是边界的开端。"写"出边界后，我们要在工作里去实现。当别人谈的话题不在你的"允许名单"之内，你可以不搭腔或者拒绝。

这个过程可能有点难，我知道有的人"必须"回应别人，有的人会下意识地反击别人。有的时候能做到忍住不搭腔，有的时候又忍不住，循环往复，感觉自己停滞不前。

**拒绝是一项反复练习才能掌握的技能**，而且和小朋友比起来，成年人改变自己的行为模式难度更大。不妨对自己宽容一点，保有进步的信念，持续练习，等半年、一年后再看看自己，或许会有新的发现。

第二步，**写下三句无意义回答。**

我们可以在网上搜索"糊弄学"，选三句自己最喜欢的，写下来，**默背直到形成条件反射**为止。

比如，"挺好的""不太了解""可能是吧"。无意义回答不走心不违心，意味着你不需要改变情绪，你依然拥有你自己的情绪。同时，无意义回答没有评判也没有观点，不会引发别人更多的反应，你也就避免了一场没必要的争吵。

如果"糊弄学"也说不出口怎么办？可以使用语气助词。

**"哦？"**

这个疑问语气不带评判，可以应付所有跟工作无关的事，而且没有肯定或者否定的意思，你就不会稀里糊涂答应别人过分的要求。

我们在工作中一次又一次展示边界，其他人慢慢就会迁就你，按照你期待的样子来与你交往。

说完面子,接下来说说里子。

**内耗是正向聊天法最大的障碍**,因为有的人必须有求必应,没法糊弄。我们要在心里设置好边界,把日子过明白。

很多朋友跟我说,不回答别人的提问,不答应别人的要求,会很难受,有负罪感,过后总是想。

情绪反刍是另一种形式的内耗,我们可以换一种方式,把反刍变成复盘。请你回想一次拒绝别人后的难受,如果没有回绝过别人,那就想象一下不舒适的感觉,然后带着下面这些问题去复盘。

○我拒绝了,他有什么损失吗?
○他的问题只有我能解决吗?
○在我出现之前,他如何解决问题?
○如果问题只有我能解决,那我是不是比其他人都强?
○如果他碰到问题的时候,我刚好休假了,他会怎么办?
○他不解决问题,影响他的生存吗?
○除了这个问题,还有哪些事情会影响他生存?
○我做或者不做这件事,对其他人有影响吗?
○我拒绝他有错吗?

以我的经验来看,很多人在第一个、第二个问题上会挣扎一下,但是到后面几个问题,恐怕很难占理了。这几个问题实际上在告诉你一件事:**你不是救世主,没有什么事情非你不可。大家都是成年人,你没有照顾别人的义务,别人的事别人会解决。**

还有朋友认为,被冒犯的时候如果不反击,是自己懦弱,没有摆正自己的立场。

记住,工资购买的是你的劳动力。你既没有参加辩论赛,也不是做讲座,**你没有教育和说服别人的义务。**

我在这里提供一个不成熟的说法,可能在你生气的时候有用:

"工资购买的是我的本职工作。教育是付费服务,他没给我学费,我跟他说那么多就是免费教育,我多亏啊。"

反驳、讲理都是你在教育别人,哪儿错了?如果这句话不管用,打开各大高校的在职教育课程,看一下学费,把你的"亏"变成具体的数字,或许你就会放下。

这个"放下"的动作,在心理学里叫**课题分离**,意思是哪些是自己的课题,哪些是别人的课题,要冷静地划清边界。别人的问题不应该由你越俎代庖去解决。

正向聊天法似乎很冷血,但是文章一开始强调过,我们拒绝的是侵入边界的无关工作的聊天,并不是冷漠待人。

工作场合里如何建立信任,跟他人拉近距离,第三章第七节会讨论。

## 你拥有随时"出走"的权利

有的时候,你会碰到强劲的对手。对方不满足你的无意义回答,变着花样逼问,甚至大发雷霆找你吵架。

你可以借口要上厕所或者打电话,离开现场。你拥有随时"出走"的权利。

跟工作无关的事情引起这么大的反应,对方的情况可能比较复杂,极有可能需要专业人士介入,我建议你最好向公司HR反映。员工情绪属于公司管理的范畴,不需要你单独来应对。不过一般来说,热衷于僭越他人边界的人会挑选边界感弱的目标下手。**当你逐步划清边界,对方会意识到侵入你的边界是很难的事**,自然而然会离你远去。

这个时候,你可能感觉自己落单了。不用担心,我们无法让所有人满意,更何况那些让你难受的人,不讨他们欢心其实是好事。

## 一些额外收益

正向聊天法持续进行下去，会有一些额外的收益。

当一个人不容易被激怒，也不容易激怒别人的时候，大家会认为这是一个情绪稳定的人。在第二章我曾提到，稳定性是最容易被忽略的优秀品质。**大家更愿意接近稳重的人，**会更有安全感。

另外，我要反驳一个说法：职场无朋友。

**职场可以有朋友，只是难找而已。**我们展示了自己的**社交面目**，比如本章节提及的稳定性，就会吸引相似的人。持续相处下去，我们不需要献祭自己，也能慢慢收获信任和支持。

# 有效的帮助，关键是姿势

"帮忙的实质是，我们不再孤单。"

## 任何人都有可能被求助

在讲帮助方法论之前，我想先谈两件事：一是任何人都会被求助，二是助人必备的三个条件。

常常有人提醒，女孩出门在外不要随便帮助人："不去找那些强壮的人帮忙，找个瘦瘦小小的，能帮什么呢？"

这个提醒没有错，但是放到职场上不太适用。我们都是普通人，都不是全能的。再聪明的人想完成项目，同样需要团队分工合作，团队的分工就有互相帮助的成分。

君子论迹不论心，我们可以通过帮助别人**增进双方的了解，建立信任**。比如，有的人求助是不客气的占人便宜，有的人帮小忙但是用力邀功。通过做事去了解对方的为人，下判断会比唠嗑来得更准确。

心理学上有一个概念叫**现实检验**，意思是区分幻想和现实，区分客观世界和主观世界。和别人在事情上有来往，就是一种现实检验的办法。别人是我想象得那么坏吗？别人真的认为我很差劲吗？猜容易出错，小试一把最准确。

碰到不合适或者让我们感觉不舒适的求助，拒绝就可以了，不要较真，反刍会带来内耗。助人的关键是**我们要选择自己能完成的求助**。

选择的标准跟自己的核心竞争力有关。第二章探讨职场上的核心竞争力，包括硬实力和软实力。**除了钱、人脉资源、业务能力这类硬实力以外，软实力的强弱也是我们判断的重要标准。**

不论对方希望得到的帮助是什么，我们要先评估自己的条件是否匹配，匹配上了再考虑要不要帮、怎么帮。

## 助人的三个条件

助人的三个条件是**收益、精力、能力**，也就是"愿意""有空"和"能够"。这三项有优先级，而且缺一不可。

很多人以为能力排第一位，其实意愿最重要。一个人不乐意的时候，能力再高也不会伸出援手。

我举一个例子来帮助理解。

阿猫很想参加公益活动，资助别人，但是她很纠结，迟迟不做：

"我很想出钱资助一下有困难的人。但是帮助别人就是看不起弱者，我会内疚。不做善事，我又觉得自己是坏人，也内疚。我帮不帮助别人，都是错，太难了。"

不只是阿猫，很多人同样纠结于"既要又不要"的想法。纠结又会引起无限的内疚，认为是自己太贪心，导致持续内耗。

阿猫的纠结是因为她的评判标准，认为帮助别人带来的收益并不值得，这是阿猫认知的一部分。我们反复强调感受不分对错，但可以看到，**在帮助别人这件事上，收益的多寡会影响决定**，也就是俗称的这个人、这件事值不值得帮。

"值得"就是收益，不仅仅指金钱，还包括非物质的收获。

比如满足虚荣心，我帮助别人后，慈善组织给我一个证书；摆脱孤独感，跟别人产生联结，和其他义工形成组织；也可能是善良和爱意得以施展，感到舒畅。

**物质和精神上的增量，都是收益。**

**当我们认为收益很低的时候，就会缺乏动力。**

本文一开头提到的"看似求助实则占便宜"的做法，就属于低收益的一种。俗话说的"好心认作驴肝肺"，更是负收益的帮助，不如不帮。

当你坦诚面对自己的需求，清晰地知道自己的"收益"是什么，就不会为了帮助别人而纠结。

有了意愿，我们依然需要精力。没时间、忙不过来，都是精力不足。

有朋友问我，自己用没时间来拒绝人是不是很虚伪？是找借口掩饰内心不愿意帮忙吗？

这样评价自己过于苛刻了。有的帮助需要脑力及体力，有的会消耗情绪，这些都是精力。人不是机器，累了就应该休息。如果牺牲自己的放松时间、睡眠时间去帮助别人，伤了身心可是捡了芝麻丢了西瓜。

结合第一章和第二章，帮助别人时，**边界感就是有所帮有所不帮**。如果一件事情自己愿意，但是没时间，身体和心理状况支撑不了，那么不要透支自己。

正如飞机上的安全演示，**先把自己照顾好了，再去考虑别人。**

所以我们会向灾难中的救援人员致以敬意，他们选择置身于危险当中，明知道会付出代价，依然前行。

最后一个条件才是能力。

我们在被人求助的时候，容易对自己的能力做出误判，要么高估，要么贬低。

高估往往来源于求助者的吹捧，但是我们无法苛责他们。碰到了大麻烦，病急乱投医，尤其是看到自己信任的人，情急之下会忍不住吹捧。而贬低则很可能来自内部，我们从心里认为自己无能，没有力量帮助别人。

这两种误判容易害了别人，也害了自己。

能力强弱不重要，重要的是**能力与求助的匹配度**。

比如，阿猫平时都会帮同事拧瓶盖。今天阿狗问阿猫，能不能帮忙拧瓶盖。阿猫刚好手受伤了，想帮也帮不了。

再举一个例子，阿猫是个内向的人，工作能力中等，但是很会安慰人。阿狗家里出了事，很难过，于是向阿猫求安慰，希望阿猫陪陪她。

我们回顾第二章，定位自己的优势。除了金钱、人脉这些硬实力外，我们也要看到自己的软实力，**发挥这些软实力来拓展自己的能力边际**。还有一个很重要的作用是，再小的帮助也能跟人产生联结，实现镜映。长此以往，可以逐步建立自信心。

## 有边界的帮助不会痛苦

现在，我们知道了怎样的情况下可以帮助别人，那么如何恰到好处地提供帮助呢？

来看一个例子。

阿狗写报告不熟练，于是找阿猫帮忙"润色"一下。阿猫想，二人关系也不错，帮忙改改不是什么大事，于是答应了下来。但是拿到报告后，阿猫傻眼了，这哪是润色啊！明明是重写！

答应了总得兑现，阿猫憋着一肚子气，熬夜帮阿狗写完了报告。第二天上班，阿猫突然想起，因为帮阿狗重写报告，忘了写自己要交的文件，结果被上司一顿骂。而她替阿狗重写的报告，上司很满意，还表扬了阿狗，阿猫更生气了。

如果你是阿猫，你会在哪一步停止帮助呢？

我们作为外援，不是解决问题的主体，施以帮助后没有大改善是正常的事。有的人因为助人而陷入困难或者痛苦之中，问题就出在"度"没把握好，消耗了自己。

怎样的帮忙才叫恰到好处？依然是**从边界入手**。

提供帮助分为**物质支持**和**心理支持**两种。

物质支持很常见，跟钱有关系的都算。比如，金钱上的支持，借给别人好几万，还有工作上的支持，帮别人写报告。人脉资源的支持同样跟钱有关，你帮我跟大老板牵线，促成这单生意。物质支持可以变现，是有价格的。

至于心理支持，可以是鼓励、倾听、高质量陪伴、安慰等提供情绪价值的行为。上文阿猫的例子，阿狗需要她陪一陪就属于心理支持。

无论是哪一种，我们都要注意自己的边界，划清助人的底线。**边界模糊的帮助，很容易掏空自己。**

过度的物质支持会害得自己家里都揭不开锅，甚至背负债务。过度的心理支持会干预别人的私生活，介入别人的私人关系里指手画脚，甚至失去了自己，陷入情绪沼泽中无法脱身。

就像上文所说，我们不能苛责求助者不够完美，我们自己可以守住边界，决定舒适且合理的帮助程度。

物质支持在不影响自己生活保障的前提下，设置一个底线。这个底线要尽量细致，超过多少钱不外借？两千还是两万，抑或二十万？

心理支持不给自己造成负荷，底线也要细致，我能做些什么呢？倾听六个小时，陪伴一个星期，还是持续鼓励一个月？

设置助人边界基于一个很重要的信念：**求助者是独立个体，我们相信对方有足够的能力和担当去负责自己的人生。提供帮助是让别人回归生活，而不是控制别人的人生。**

在这个信念的前提下，我们就会意识到，自己也是独立个体，没有谁离了谁活不了。如果求助者的麻烦特别大，不解决就会有生命危险，那么这件事就不是你我单独能应对的，需要更多人加入或者专业人士的介入。牢记这一点，我们就不会被自己的英雄情结和胜负欲绑架了。

分享三毛在《送你一匹马》里的一段话：

"对于别人的生活，我们充其量，只是一份暗示，一份小小的启发，在某种情况下丰富了他人的生活，而不是越权代办别人的生命——即使他人如此要求，也是不能在善意的前提下去帮忙的，那不好，对你不好，对他人也不好的。"

提供帮助不是实现自己的英雄梦，也不是绩效评估拼出高低，本质只是**让求助者不再孤单**。

至此，我们乐于助人但不控制他人的社交面目也变得清晰。

## 小结

有效的帮助不在于帮助了什么，在于姿势：

○了解自己的核心竞争力。

○明确自己对收益、精力、能力的判断。

○在伸出援手前，厘清自己的助人边界，不可无底线施助。

○尊重求助者，相信求助者是有能力的独立个体。

# 有效的求助,是一场联谊

"不要等到走投无路时,才求助。"

## 不求助源于过剩的羞耻心

请你尝试回答这个问题:遇到问题时,如何通过社交圈子求助?

当我拿这个问题向团队或者客户提问的时候,他们都认为求助是一件很羞耻的事。他们不确定父母或者老师有没教过如何求助,也没有主动学习如何求助。

婴儿观察是学习精神分析时很重要的一课。(婴儿观察,是为了了解1岁婴儿是如何发展出不同的性格,婴儿天生有哪些倾向,这些倾向又是在何种方式下得到鼓励而发展,而哪些又被拒绝或置于一旁。)婴儿观察是发展记录,不是病理记录,因此我们在日常生活里也能观察到,小婴儿可以从大人跟自己的互动中,"研究"出一套指使大人帮忙做事的办法。"拿那杯水""要抱抱""饿了要吃""我不要这个玩具",即便不会说话,这些指令也一样清晰。婴儿们"自学成才",运用眼神、手指、表情,向大人求助。

我们人类先天有向他人求助的本能,只要条件允许就会发挥。

然后我们受过教育长大成人后,却羞于向人求助,变得缺乏安全感，冒出各种各样的担心：

○老熟人好久不联系，我求助肯定被拒绝。

○我找人帮忙，别人会看不起我。

○求助是不体面的事情，我不能做不体面的事。

○其他人太忙了，哪有空理我。

理由非常多，这里不一一列举了。但总的来说，我们预设各种不好的后果，利用这些后果吓唬自己，阻止自己向别人求助。这些可怕的后果是真的吗？我们习惯性地不去验证，只是遵循。

社会里的人际关系比亲子关系要疏远，然而适当的表达技巧，做好心理准备，求助不会是难事。我们一起来补上缺失的这一课。

## 示弱≠被欺负

我们在成长过程中，不断被灌输"成王败寇"的丛林观念。不需要别人帮忙、不麻烦别人、自己完成所有事情，这是有教养的表现，是成功的、强悍的。如果有自己做不到的事情，请求别人帮忙，那么，这是一个不体面的弱者，弱者等于失败。

在丛林因果关系里长大，我们会潜移默化地把"弱者=失败""求助=弱者"这两套逻辑简化为"求助=失败"。只有强悍的人，才配称为人。

**允许自己示弱**，是很简单的六个字，但是很多人道理都懂，就是做不到，没办法开这个口，也不知道该从何说起。其实行动上的迟疑，通常在于心理上没做好准备。我们试试在心理上做三个准备工作。

**1. 承认脆弱**

承认自己的脆弱，下一步才能展示脆弱。很多人不愿意承认脆弱，因为承认脆弱就是承认自己失败，好学生承认自己有不会做的题。承认脆弱是强迫自己接受这份不安全感，走进一个未知领域。

### 2. 可承担后果

很多人认为一旦承认脆弱，会带来持续的、极其严重的、不可承担的后果。比如，向人求助就会失去工作，同事会攻击他，被人孤立等极端的灾难性思维。然而，别人真的那么有闲心关注我们的脆弱吗？如果被一个闲人关注了，其他人一定会同流合污吗？灾难性思维把原本可承担的后果夸大成极端后果，就像老人恐吓小孩出门等于被抓走一样。

### 3. 不批判自己

"允许"的意思是不批判。允许了自己，示弱才能成为选项，而不是一个不可触碰的禁忌。

我曾经以为，给别人提供方法论就能解决问题，后来发现不是那么回事，每个人都有自己的个人议题，都有心里跨不过去的那道坎儿。贸贸然建议示弱和求助，会让人非常愤怒，这相当于我在直白地说："我看到了你的脆弱，我认为你不行，你找人给你帮忙吧。"

被激怒的人会否认脆弱，"我也没那么差吧，我能自己解决"，也会用极端的灾难性思维反驳，"你不了解情况，如果真的向人求助，我在这行就不用干了，领导肯定辞退我"。如果这两项都不成立，就会固执起来，"反正绝对不能示弱，也不能求助"。

这三个准备工作很艰难，即便很幸运地在理性上说服了自己，但还是开不了口。

接下来我尝试提供一些办法，可能对你迈出第一步有帮助。

## 鸡蛋篮子策略

向人求助这件事,很多人有一个误区,认为既然求助了,那对方就要一次性把事情解决。

实际上,拥有这种绝对权力和能力的人非常少。我们能碰到这种拥有绝对权力和能力的人,也没那么容易。更常见的求助场景是,我们碰到了一个自己一个人解决不了的困难,不过多方提供帮助,我们就能跨过去。换句话说,背水一战的极端压力通常不存在,我们都是普通人,极少概率会破釜沉舟。

有效的求助可以使用**鸡蛋篮子策略**,即鸡蛋不全放在一个篮子里,分散放。

我收到过很有意思的提问,小宅老师,找那么多人帮忙不是不专一吗?解决麻烦才是我们的目的,不是向谁表忠心,而且表忠心不是通过喊别人帮忙来完成的。找人帮忙不是私订终身,没必要赋予太多的意义。

鸡蛋篮子策略很好懂,找的人越多,获得的方案越多,解决问题的可能性越大。吊死在一棵树上不但降低了解决困难的概率,也会增加失败的概率。

有的人嘴巴上答应得很好,但行动上没帮忙,有的人说得好,也帮忙了,但是帮不到点子上。我们无法埋怨别人,毕竟能听我们诉苦也是人情。然而困难总得解决,为了跨过难关,我们可以多派发一些求助"鸡蛋",把"鸡蛋"分别放在不同的"篮子"里面。**同样的困难,多找几个人帮忙**。就算有些"篮子"被打翻了,我们还有其他方案。

鸡蛋篮子策略安全系数高,但是也要精准匹配。碰到什么麻烦适合找谁,也得一找一个准,不然就消耗人情了。在求助之前,我们做好"了解"和"打听"的工作。

**了解和打听的对象分为两种，一种是高人，一种是平辈。**

高人包括前辈、长辈，还有位高权重的人。定时关心前辈、长辈，汇报自己的近况，这样可以打好感情基础，求助的时候就没那么突兀。如果完全没有交情，对方可能一口拒绝。至于什么时候求助、如何求助，可以向高人的身边人或者下属打听一下，挑选合适的时机。

平辈是年龄、职位等差不多的人。**平辈是帮你渡过难关的主力军**，还是那句老话，"三个臭皮匠顶一个诸葛亮"。

平辈中又分亲疏。亲近的老朋友自然不用说了，好好沟通，都会获得精神或者实质上的帮助。

疏远的点头之交，平时需要混个脸熟。在社交平台点赞、聊一下无关痛痒的话题，展示自己的社交面目，都有利于自己求助。

刷脸熟的目的不是获利，而是给对方提供安全感，让别人知道我们没有恶意，做到这一点就可以了。

很多人认为刷脸熟没用，脸熟了也不一定帮忙。这话没错，脸熟式帮忙本就不是决定性的帮忙，而是小帮忙。然而，小帮忙聚沙成塔也能成事，熬过这一关了再说。

求人帮忙的时候，精准的求助和简明扼要的表达非常重要。来看看如何组织语言，表达到位。

## "派活儿"式求助

阿猫新带了一个项目，碰到了麻烦。她的部门要跟另外三个部门一起协作。新项目能赚钱，但是其他三个部门的员工不听阿猫的安排，因为阿猫是一个没有奖惩权力的领导，管不了项目成员。这个时候。阿猫应该向谁求助呢？

很明显，阿猫不是弱者，而是管理责权没有覆盖到项目里所有员工，因此出现管理困难。管理责权出现偏差，是部门负责人的错吗？不是，尤其是多部门协作的情况，管不了太常见了。阿猫作为项目负责人可以向人事部门求助，要求改变责权，让自己管理项目里的人。如果管理责权很难改变，那么，阿猫还可以向另三位部门负责人求助，从垂直管理上施加压力。

施压就能带出有干劲的团队吗？肯定不能，所以阿猫还需要有奖励措施，向高层求助，商量项目奖励金，项目结清后给参与的员工发奖金。

到这里，我们就能梳理出阿猫的大致求助策略：

○方案A

向人事求助，讲明自己的难处，提出需求改变自己的责权，以便对项目成员管理和考核。如果这一步能走通，那么问题解决。

○方案B

如果人事表示公司不允许更改责权，那么向另三个部门的负责人求助，请求负责人与项目员工谈话、鼓劲，或者求教负责人如何与每位员工沟通。同时向高层求助，表明自己的管理难处，提出项目奖励金的方案，请求通过，或请教更好的解决办法。

阿猫的求助就是"派活儿"式求助，对不同责权的可提供帮助的**角色安排了不同的工作**，更像是一群人围绕阿猫的需求，实现同一个工作目标，阿猫负责统筹和调度。

不妨转换思路，把求助当作项目，梳理成策划方案，设立项目的目的是什么，实施步骤是什么，难题是什么，如何委派任务以解决难题。这样的思路可以减少内耗，增加客观、理性的判断，更有可能解决难题。

给不同的人"派活儿"时,要做到高效表达:

**1. 交代实际情况,完善自己的社交面目。**

讲清楚自己的情况,让对方心里有数,**便于对方评估**能不能、想不想帮,能帮什么。

**2. 讲清求助需求,设定边界。**

不同岗位承担不同的工作任务,向单一施助者**提出一项具体需求,实施鸡蛋篮子策略**。对方提供的帮助越小,帮忙的意愿就会越高。举手之劳让你欠人情,大家都会算这笔账。

**3. 表达感激**

求助时要表达感激。**对方愿意抽出时间耐心听我们诉苦,已经是帮忙。**

"派活儿"式求助可以提高别人帮忙的成功率,然而,这不是"派活儿"式求助的真正目的。

表达中只有第二点是帮忙的内容,第一点和第三点都是与人产生联结,让对方了解自己,展示自己的善意。用帮小忙的方式建立联结,往后有可能变成朋友。这种人际来往不是看谁有用就跟谁好的功利关系,而是我们主动走出一步,邀请别人了解自己、邀请别人一起经历事情,拉近距离,建立起友善、真诚的支持型关系。

如果别人不愿意了解我们,不肯帮忙怎么办?还有别的"篮子",不怕,多问问。

这一路寻找"篮子",我们编织出了一场人际联谊。寻求帮助成了一个理由,我们有机会向别人介绍自己,也有了借口了解别人,同时也展示了友好,对方有事也会想起你。

至此,我们的**社交面目**呈现得比较完整了。面对困难的时候能不能开口求助?求助策略是什么?如何开口?旁人都会以此来了解我们。

## 注重感谢

很多人知道别人帮忙后要感谢,不过我也提到,**求助时要表达感激**。

有的人认为,解决问题后才能表达感谢。这种想法要不得,仿佛自己是上位者,对帮助自己的人做绩效考核,这种态度容易得罪人。

别人听诉苦但不帮忙、别人帮了忙但没效果、别人帮了忙只有微小效果,都值得我们的感谢。**我们感谢的是别人的善意,而不是别人有没有用。**

我们期待别人看到我们的难处,这个需求在心理学上叫作"被看见"。同样地,别人也期待自己的好能被我们看见。一个人"被看见"时,他们会感到被关注和重视,这种感受会提升自尊。

谁都抗拒不了跟一个在乎自己的人做朋友。

这一节所讲的求助,是其中一个建立人际关系网的办法。在第四章第五节、第六节,会展开论述更多的建立人际关系网的方法以及底层逻辑。

# 不冲突不发怒，得体拒绝

"我想拒绝，但是一开口就得罪人。"

## 拒绝是重要的社交面目

阿猫正准备下班，上司突然邀请她去家里跟上司的家人一起吃饭。这位上司人很好，性格外向，跟下属很亲近，其他同事都很喜欢他。但是阿猫不喜欢这种风格。阿猫内向，喜欢独处，下班了也不爱联系同事。可是，碍于上司的面子，阿猫最终还是去了上司家里，跟他一大家子吃饭。这顿饭吃得非常不自在。

拒绝他人的善意最为困难。释放善意的人通常是好人，拒绝善意似乎会破坏关系，答应吧，又勉强了自己。其实，拒绝别人的后果没有那么严重。做到得体地拒绝，不让自己为难，不让对方过于为难，双方关系不会受到太大伤害。

不让自己为难，不让对方过于为难。也就是说，让对方有一点为难没问题，毕竟自己才是最重要的，要把自己的感受放在第一位。而且，我们要相信，健康的人际关系有足够的弹性去承受不完美。如果不满足对方，自己就会很为难，那么这段关系不健康，对方也是。

拒绝别人可以表明我们的边界，在工作场合里，得体地拒绝能帮助我们展现社交面目,利于维护人际关系。如果一直忍让,不会拒绝,其他人会认为自己的行为没有问题,以后还会继续。而忍让的人积攒下来的哀怨,很容易会爆发,可能是向外爆发变成一次争吵,也可能是向内爆发造成身心疾病。

放下"好学生"的执念,学会拒绝,是更好的社交方式。

得体的拒绝可以实现四个效果:**减少误会,减少冲突,减少情绪消耗**,以及**练习情绪管理**。

得体的拒绝能让对方明白,我们只是不参与这件事情,而不是讨厌、憎恶对方。减少了误会,也减少了冲突发生的可能性。这两项有所减少,我们自己的情绪消耗也会降低。而有的人在说出"不"的时候,可能对拒绝的后果感到焦虑、恐慌,感觉身体紧绷、手心发凉,得体的拒绝可以带来好的结果,好的结果能够说服自己的内心,这件事并不可怕。

实践是破除未知和猜想带来的恐惧的最佳方法。

除此之外,得体地拒绝还有一个意外收获:帮助你识别坏人。

正如前面所说,得体地拒绝有利于人际关系,如果一个人从拒绝中发散出了各种各样的信息,并以此来攻击我们,那么,这个人一般不怀好意。

有的人说,虽然话难听,但心是好的。可我还是希望大家更多地从自己的感受出发,多在乎自己一点。

**真正的好人舍不得伤害他人**,即便伤害了别人,也会积极道歉,主动补偿。如果我们感觉受伤,对方不认错、不改正,就离开伤害的源头,保护好自己。

下面一起来看看,怎样做到得体地拒绝。

## 拒绝是短痛

"好学生心态"是这本书里不断出现的一个词。

当"好学生"想拒绝别人的时候,很容易感到憋屈和纠结。自己内心想拒绝,但同时觉得,自己不应该拒绝,"我不能拒绝别人""帮人是小事,不能这么没礼貌",也不敢拒绝,"拒绝了会不会被报复啊""拒绝的话,别人会讨厌我的"。

有的时候,宁愿委屈自己,也要强迫自己去做不想做的事。

我有不少"好学生"朋友,常常找我倾诉。从朋友那里,我了解到不敢拒绝不是因为在乎对方,而是心里好像有一个声音,不断强迫自己必须答应,不答应就会被骂不是好人。

在前面,我们也学习了很多遍,把某一个行为等同于好人还是坏人的判断标准的时候,内心就会出现一名判官,对我们的行为甚至想法指指点点。

听起来,不拒绝似乎是更安全的选择。想学习拒绝,就要面对内心的那名"判官",要去面对"自己是个坏人"的评价。

但是,不论是工作上还是生活中,拒绝的判断标准在自己手上,不在"判官"手上。我们要面对的不是"挑战判官",而是"惧怕判官"而引起的其他情绪。

当意识到自己被冒犯,或者出现愤怒、害羞等情绪的时候,先不着急评判,告诉自己:**拒绝别人跟我是好是坏没关系,就算拒绝了,也没有人会受伤。**

**试着把感受转变为理性化的思维**,换一个思路去看待对方提出的要求。

我们的答复不是表达情绪,只是将对方提出的要求当作一个项目进行评估,把自己的能力、精力和情绪状况当作评估项来考虑,是否足以满足对方的要求。

对方借钱，这是一个项目。有钱吗？有。想借吗？不想。那么该项目需要的两项要求，有一项不满足，不具备可执行性，无法推进，可以拒绝。

再举个例子。阿猫不想去上司家吃饭，最后勉强去吃，但是整个人非常不自在。这顿饭不但阿猫吃得尴尬，上司和家里人也吃得尴尬，觉得是不是阿猫嫌弃招待不周，饭菜不合胃口。

与其这样，还不如一开始直接拒绝，来个痛快。

当我们把别人提出的要求看作项目评估，会减少对情绪的聚焦，可以跳出原来的固有思维方式，从第三方视角看待这件事。

## 一招破解"好学生心态"

在倾听朋友的烦恼时，我常常感慨，"好学生"实在太听话了，受了那么多委屈，只图给别人留个好印象。

社交当中，好印象确实重要。但并不是我们做的所有事情都能给别人留下印象。也就是说，得体地拒绝别人，不一定能留下什么印象。如果我们先入为主地认为，自己的一言一行都会在别人心中留下印象的话，似乎把自己看得太重要了。

试试说出这句话：**我没有那么重要。**

不论是给别人留好印象，让别人对自己有好感，还是自己想做一个好人，都有一个前提。那就是别人足够在乎，在乎到要给出一个评价。

有意愿给出评价，下一步才是评价的好坏。**现实是，我们每一个人大多数时候只关心自己，不太在乎别人。**

请你尝试回答以下问题：

上周三下午，你接触到的第三个人，跟你说了什么话？你会因为对方说的话和态度，而留下好印象吗？

这一位"周三人"可能是路人也可能是熟人，但我们不会把印象的好坏和一件小事画等号。因为每一个人都在关注自己是不是幸福，是不是快乐，怎样用最少的劳动获得更多的报酬。原因很简单，关注其他人是好是坏，似乎无关紧要。

这道理很粗鄙。然而，很多人心里就是这么想的，也是这么做的。

"好学生"对印象的执着其实还是学校思维。孩子读书升学，成绩很重要，父母每时每刻盯着孩子的表现，不让玩，要乖；老师们有考核，会紧紧盯着学生的学习，管理课堂纪律。

社会上没有那么多人在乎我们，更多的是萍水相逢，运气好的才能处成朋友。

在阿猫的例子当中，上司更在乎阿猫的工作成绩，还是阿猫有没有去他家吃饭呢？吃饭不过是锦上添花，少吃一顿无妨。

有的人会说，不去主动拉近关系，上司就不重用我了啊。

没错，拉近关系有利于职业发展，但也是一种消耗。如果消耗不起，出现躯体反应，也就是本书前面提及的心跳快、呼吸急促、脸红等情况，那么对身心健康的损伤就大了。

损害自己、顺从别人，值不值得呢？职业想要发展，是不是只有损害自己这一条路？这两个问题没有标准答案，需要每个人自己去权衡取舍。

最重要的一点，**拒绝是执行边界，助人是一个选择，不是使命。**

别人的困难是别人的议题，不是自己的负担。比如同事失恋了，要求通宵安慰，这就得拒绝，不是同事的工作职责。同事失恋了，请求你工作上帮忙一两天赶下进度，这个要求不过分，能帮可以帮一下。

如果什么都不拒绝，会成为别人口中的"烂好人"。

烂好人在社交中是一个"工具"，不会得到尊重。如果适当展现自己的边界，让别人知道你能答应哪些事情，你会拒绝哪些事情，别人才会意识到你也值得尊重，也应该在乎你的感受。

## 如何得体地拒绝

跟正面冲突一样，得体地拒绝也是应急场景，同样有流程。和正面冲突的区别是，**得体地拒绝的话不多，更多的是心理调适**。

### 一、心理调适

当别人请求你帮忙，但自己感觉不舒适的时候，问问自己：

○是这个人让我不舒适，还是这件事让我不舒适？

○具体不舒适的是什么？

○如果拒绝了，别人会以为我是怎样的人？

○我真的是那样的人吗？

当出现"判官"对自己的为人下判断的时候，一定要提醒自己：

○我有权利拒绝别人。

○我不是坏人。

○我已经长大了，不用做乖小孩、好学生。

○即便拒绝了别人，也会有人喜欢我。

○不要怕。

跟正面冲突一样，我们可以**通过小事练习拒绝**，比如不想点外卖的时候，拒绝同事要求的拼单。当积攒了足够多的成功经验，你就有信心去拒绝不愿意做的大事了。

如果拒绝的话不容易脱口而出，那么可以发一下呆，在心里给自己鼓励一下，再去回答也来得及。

## 二、拒绝话术

我跟人交往过程中发现，每个人都有自己固定的"拒绝话术"。仔细想来很合理，固定话术是肌肉记忆，形成习惯了就不用花心思做心理调适，下意识反应一顺嘴就说了出来。

拒绝话术表明自己的意愿即可，不要深入讨论、分析对方提出的要求，否则对方会认为哪个细节不完善，只要修改细节就能让你答应。

而有些情况，**对方的解释，本意是不允许你拒绝**。杜绝这种情况发生的最好办法就是不给对方解释的机会，直接拒绝。

得体的拒绝也分委婉和坚定两种。委婉拒绝适合不好意思开口的人，也适合用来回答领导。委婉拒绝的重点是，把问题归咎于自己身上，原因讲不明白，但就是不行：

○说不好，我**感觉**不适合。

○我现在**没想好**，以后再说吧。我也**不知道**自己想什么。

○我总感觉**不对劲**，我**再感受感受**。

坚定拒绝适合在信心比较足的时候说，也适合对方跟自己地位差不多的时候说：

○我在存钱，**做不了**。

○我不理解这件事，**帮不了**。

○我太忙了，**不去了**。

○我不认识那个人，**帮不了**。

不论是委婉还是坚定，得体地拒绝别人的要求，都以**"我"为重点**，不点评别人的要求。拒绝的话，字数越少越好。就算别人追问，"是哪儿不对劲啊"，回答也得是车轱辘话，"我感觉不对""我没想好""我再感受感受""我帮不了""我不去了"。

多说其他话容易节外生枝，一来会让别人以为这是商量的机会，二来容易说多错多，变成攻击别人。

有一种难以拒绝的情况是，领导提出要求，不许我们拒绝。如果决定低头，那么就把事情做好。如果不甘心、不愿意干，那么不作为、拖延，也是一个表达拒绝的办法。至于是否适合，要根据每个人的情况而定。

# 建立信任，丰满你的人际羽翼

"信任是所有关系的敲门砖。"

## 信任不等于交朋友

阿猫碰到一个尴尬的情况，工作上有事需要其他业务部门帮忙。然而，其他部门连话都没听完，直接就拒绝了。阿猫很纳闷，跟他们也没有什么过节，为什么这么冷漠，不愿意帮忙呢？

阿猫的情况很有可能是由于别人对他不信任。这里的不信任并不是还没有成为朋友，而是不了解，不知道给阿猫帮忙会带来怎样的后果。安全起见，事不关己高高挂起，不如一口拒绝，不帮忙。

现在，我们来理解建立信任会更直观。当我们在职场中建立起了信任，那别人对于我们的一些要求和需求，会更容易从正面的、好的角度去理解，没那么容易产生不必要的负面推断。

**信任在工作场合里最大的作用是减少人际损耗。**如果我们跟别人合作时，需要花大量的时间和精力去说服别人，这个损耗无法直观地在工作成果上得到体现，但是会大大减缓项目进展的速度。

通过建立人跟人之间的信任减少自己的人际损耗，要抓住**"两真一不"**原则：**真诚、真情、不评判。**

现在网上流行职场冷漠社交，"我不应该关心同事""我要像机器人一样，没有感情"，这些想法还挺特别的，因为"不讨好""不过分在意他人评价"的解决方案并不是情感隔绝。从心理学角度来说，情感隔绝不是最有益身心的状态。

有的人说，那同事让我难受，贬损我，难道就有益身心了？这就混淆概念了。建立信任关系的目的是减少人际损耗。如果跟他人的关系已经出现人际损耗，那就要积极应对直接攻击和间接攻击，并不属于本章节的内容。

真诚真情，怎样不会受到伤害呢？不评判是不是就是沉默不语呢？如果我们不想在职场上孤军奋战，想得到支持、理解和帮助，那可以试试本章节的方法。

## 真诚

网上常说，**真诚是最有影响力的品质**。我非常认同这句话，工作中我也体会到，**有一说一是最高效的沟通方式**。

然而在20年前，长辈们教我在工作上不要说真话，要学会客气，要委婉。

我参加工作后，愈发感觉这套扭扭捏捏的说话方式是被害者妄想。都是普通人，谁都没有一夜暴富的财富密码，能有什么资源呢？藏什么呢？

职场之交是蜻蜓点水，就算碰到别有用心的人，下班就见不着了，多的是逃避不见的方法。如果我们把工作当中跟别人的交谈都看作商务洽谈，更容易看到真诚的价值。

〇我需要的是什么？

〇我不能接受什么？

○我能提供的是什么？

○你需要什么？

○你不能接受什么？

○你能提供的是什么？

○我们如何结合双方的需求找到一个平衡点？

与工作有关的谈话，几乎都能用这个方式去进行，大家通常会心平气和地去聊。除了一些特殊情况，比如对方想隐瞒信息不跟你说，双方信息不对称，那么会越谈越生气。碰到这种情况可以参阅后两个章节，有关直接攻击和隐形攻击的应对办法。

总的来说，平和地找出双方的需求折中点是最常见的工作谈话，正常的业务对接中，很难发生冲突。

这样的对话思路在大机构、大公司同样适用。

有一些企业或者机构推崇"打官腔的客套话"，我称之为**低效的垃圾话术**，因为这套话术的主旨思想是"我不能直接拒绝你，但是我要用非常多的理由去说服你，让你承认是你不想做，而不是我不想做"。

我曾经跟这样一位业内人士谈合作，圈子很小，对方的情况其实不难了解到，原本要合作的项目被叫停了。一句话的事情，这位业内人士说了将近4个小时，我全程陪聊，捧哏。到了饭点，我也饿了，于是直接问：你的意思是项目叫停了吗？

到了这程度，对方依然不承认是他们叫停了项目，而说公司决策只是其中一个原因，然后又抓住我的提问展开辩论，强迫我承认是我叫停这个项目，想把停止合作的责任推卸到我的身上。

这位业内人士用了几个小时"逼迫"我承认是我的责任，固然有背后的原因，可能是公司太大，对项目信心不足，也可能是一开始这个项目的可执行性分析就是错的，这位业内人士无法承受出错的后果，想把责任推给我。当然，也有可能是她的工作确实很闲，实在太喜欢跟我聊天，所以浪费得起这样的时间成本。

到了第五个小时，我太饿了，如她所愿地说，"这个项目叫停，我认为很合理"，她才肯结束这一场客套话马拉松。

这就是一场不真诚的对话，很浪费时间，2秒就能说明白的事情耗费了5个小时。

对方想推卸责任的意图很明显，然而扪心自问，就算由我来说项目应该叫停，我作为一个来自外部的供应商，真的有那么大权力决定她任职的公司的决策吗？不难判断，这绕圈子的客套话既不能推卸责任，也降低了工作效率。

从投资收益的角度来看，一个常规合作聊5个多小时，项目收益和沟通成本也不成正比了。而且项目有问题，叫停是止损，对双方都有好处，不难说服。如果实在想推进，也可以换合作方，不用死磕。

这就更显得5个小时不值了。尤其是社恐或者内向的朋友，真诚沟通可以缩短与人对话的时间，会减少社交带来的焦虑。

在这里我邀请你站在我的视角：如果你是我，手上有其他的合作伙伴可选，这次合作沟通困难，以后还会找她合作吗？

## 真情

真情不是投入感情或者提供情绪价值，而是**展示一部分真实的人类情绪**。开心就笑，不开心就皱眉，要善于表达情绪。

这个说法听起来很奇怪，表达情绪有什么难的。其实很多人进入社会后，会有偶像包袱，认为负面情绪就像弱点一样要藏起来，不应该让人知道。

有情绪了被人知道没问题，只要不要求同事和上司为情绪买单就可以了。

阿猫今天因为生病而沮丧，难受得想哭。阿猫可以跟人事或者部门负责人说：我需要1到2个小时去独处，我现在情绪不好，冷静一下就可以了。

这个要求只是示弱，并没有求助，其他人听到后心理负担没那么重。

除了展示自己的脆弱外，展示自己的野心也没有问题。有人会担心，展示野心会不会变成枪打出头鸟的那只鸟啊？有这个可能，但是不展示野心的话，很可能错失机会。

我们是选择规避风险，还是选择抢夺机会呢？保守和激进都没错，选择对自己有利的做法就行。

另外，适当关心同事并不可怕。

我见过有人担心给哭泣中的同事递一张纸巾会被人缠上。同事难过得哭了，我们安慰几句，递一下纸巾不是什么大事。如果半夜打电话听同事诉苦，下班了带上饭菜和水果去同事家安慰、陪伴，这些行为就过度侵入同事的生活了，更适合亲密的朋友来做。

所以要注意，我们展示的是一部分的情绪，而不是所有的情绪。一部分情绪的意思就是边界感。

阿猫很难受，但依然是自己去处理，没有要求同事和上司负责，这就是边界感。展示野心让别人知道，不需要交代自己的野心是什么和实施计划，只要让别人知道我们很上进就够了。至于提供安抚，回应同事或者上司的情绪，表达"看见"就可以了，"我注意到你有点伤心""我感觉你现在有点生气"，说到这里就可以了，不需要哄人到不哭，或者成为别人的出气包去承接别人的负面情绪。

我们在职场上的身份和角色，没有义务去承担这样的情绪劳动，**过多干涉别人的情绪和私生活，是缺乏边界感和冒犯的行为。**

至于展示多少真情实感，可以回到本章的第一节，体验自己设置的边界是否舒适，看看自己内心能承受的暴露程度是怎样的，所处的职场环境对人的期待是怎样的，逐步进行调整。

## 不评判

**不评判是指，对人和事不做好或者坏的判定。**

不评判非常难的一件事，因为我们是被评判着长大的，可以说，"评判"几乎是我们的特性。包括这本书的内容，什么是对，什么是错，也是一种评判。

我期待这本书为读者提供有用的方法论和判断办法，书里提及的评判只是一种工具，仿佛一把尺子，帮助读者"丈量"出适合自己的社交准则，而这把"尺子"不会成为武器伤害自己或者他人。

在职场上，尤其要谨慎评判，**上下级、平级其实都不具备评判的权利和义务，上级顶多有权力做绩效考核和实施奖惩。**

都是平级，工作好坏没资格评判；下属工作好坏，用考核来评定，也不应该评判；至于上司工作好坏，也轮不到下属来点评。

下评判的难处在于准确性。我们真的能通过五个工作日、每天八个小时，对一个人的性格、品德有一个全面、准确、永不出错的评判吗？我们可能连身边人的真面目都看不清，又怎么有底气对社交面目下判断呢？

评判没有好处，自己又改不了这样的习惯，那么可以在心里产生评判的时候，提醒自己，说一句话：**这个人好不好，不重要，我的收益才是第一位，别人能成为我的资源、帮助我成就事业，更重要。**

把注意力拉回自己身上，**多关注自己能不能成事，少关注别人能不能成事，很容易就放下评判。**

如果别人能不能成事会影响到自己的事业怎么办呢？如果换不了，就看看怎样降低影响，找一个替补"球员"助力工作。

所以，别人能不能成事是别人的问题，我们的事业碰到绊脚石，首先要搬走绊脚石，而不是说服绊脚石"你很差劲"。嫌弃绊脚石，绊脚石会变小吗？问题会解决吗？都不会。

有人问我，不夸人，只是不评判也管用吗？

建立信任其实不需要夸赞，想加深关系，让人喜欢才需要嘴甜。而我们在职场上常见的关系是浅表关系，基于事情和工作去社交，建立信任的应用面更为广泛。

因为有一个逆向思维，如果我们明确表达自己喜欢A，其他人会反向理解"那就是你讨厌B"。与其引起无意义的延伸理解，不如保持中立。

从外人来看，就事论事的做法更宽容，不会感觉到我们的攻击性，会增加跟我们相处时的安全感。我们再去沟通其他事情的时候会顺畅很多。

## 珍惜资源

心理学中有一个概念叫资源取向。**资源取向强调个体的资源和能力**，而不是弱点和缺陷。

比如，我们的自我效能、积极的情绪，还有社会支持系统，良好的环境，这些全部是资源。

这一章节谈到的建立信任，其实就是在识别资源，为调动资源做铺垫。

为了帮助理解，我把职场比作矿场，我们都是矿工。

石材不如金子贵重，但是盖房子的时候，石材很好用。在资源流通不畅的时候，我们想盖房子，囤积石材比囤积金子更实在。第三章的内容都是在谈如何更轻松地囤积资源，不带成见、减少内耗地囤积资源。

书到用时方恨少，资源也一样。我们常常疑惑有的人为什么可以在需要帮助的时候找到有力的帮手。这就是前期囤积资源带来的便利。

如果我们转变观念，把能接触到的人理解为能囤积的资源，我们就有权管理这些资源。这是一种**主人翁的心态**。

我们对于自己的工作有了主控权，就不会像之前提到的"好学生心态"那样，等着别人给我们打分了。

## 小结

本篇要点多、故事少，来小结一下。

建立信任不是为了交朋友，而是**降低沟通成本，减少人际损耗，让更多人从友善的角度解读我们的行为**。

建立信任的原则是**"两真一不"**，真诚、真情、不评判。

**真诚是指有一说一，不做多余的委婉表达**。职场上的真诚沟通意味着目的性强，减少双方的时间成本，也减少情绪劳动。"社恐"或者内向的人的感受会更明显。

**真情是指展示一部分真实的情绪**，包括示弱、关心、野心等，都没问题。要注意的是展示情绪也有边界，过度干扰同事的情绪和私生活不是好事。

**不评判是指对人和事不做好或者坏的判定**。上下级、平级其实都不具备评判的权利和义务，上级顶多有权力做绩效考核和实施奖惩。建立信任不需要夸赞，基于事情和工作去社交，更为简单。

最后，建立信任是识别资源，为调动资源做铺垫。把能接触到的人理解为能囤积的资源，我们会用主人翁的视角管理资源，为自己做打算。

信任是人际关系的敲门砖，互相信任之后，我们和别人的关系如何加深呢？怎样才能让人际关系给我们的工作助力呢？第四章第三节、第五节、第六节、第七节，都有与此相关的内容。

# 正面冲突，不卑不亢化解情绪攻击

"这不是吃人的老虎，是一个饿坏了的小孩在扔石头。"

## 正面冲突如山泥倾泻

周五下午四点，阿猫整理好这一周的工作记录，心情很好，正准备"摸鱼"，领导突然发微信喊她到办公室一趟。

不会是周末要加班吧？阿猫嘀咕着推开门，看到领导皱着眉头，糟了。

阿猫还没坐下，领导劈头盖脸就是一顿骂。阿猫顿时头皮发麻，脑袋里嗡嗡响，心里有一个声音：不是的！这不是我的错！事情不是这样的！

但是话到嘴边，阿猫又说不出来，她非常害怕，感觉自己心跳得"怦怦"响，脚好像钉在了地板上，想逃却迈不开腿，只能在这儿默默挨骂。领导看阿猫傻站着毫无反应，更生气了，吼了起来："事情办成这样你还心安理得吗？！"

头皮发麻、脑袋里嗡嗡响、心"怦怦"跳，是**躯体反应**；内心的辩驳是**感到委屈**，自己被冤枉了；想逃是为了**保护自己**不受伤害；而说不出话、迈不开腿、脚好像钉在地板上，是因为**恐惧**。

正面冲突是对抗性极强的行为，顾名思义，是跟人面对面吵架。正面冲突像山泥倾泻一样袭击我们，迅速激发人的求生本能，要么战要么逃。

攻击性强的人，会愤怒，奋起反击，眼睛瞪得像铜铃，可能跟对方骂起来，可能拍桌子，有的还可能动手。

平时脾气好的人，遭遇突袭也可能失态，变得语无伦次，面红耳赤，内心痛苦万分。对"社恐"的人来说，这简直是噩梦。

**跟人面对面且有强大情绪冲突的强对抗，就是正面冲突**，是对情绪的一次期末大考。我们不能压抑情绪，但是工作场合不适合发泄情绪。如何调整自己的状态，照顾好情绪，同时解决现实问题，很考验我们的心理素质。

## 谁会发起正面冲突

知己知彼，百战不殆。我们首先要弄清楚，发起正面冲突的人到底图什么。

本书开篇，我就提到情绪背后藏着心理需求。在职场上发起正面冲突的人，背后不止有心理需求，还夹杂着利益需求。

根据需求的不同，我们把发起者分为**利益追逐者**和**情绪爆发**者两大类。

### 1. 利益追逐者

利益追逐者**把情绪当作工具来获得个人利益**。换句话说，这类人的情绪很可能是制造出来的，事情并没有那么严重，实际上没生气。他的目的有三种，**施压逼迫、建立权威、隐藏信息**。

**施压逼迫**，发起者想强迫你做你不愿意的事。比如阿猫的领导，他这一段辱骂有可能是想逼迫阿猫把分外事给做了。平级之间这种情况也会发生，有的人会把自己的工作扔给别人，还要斥责别人不帮忙就是没良心。这类发起者通常是看人下菜碟，专门欺负心软或者好说话的人。

**建立权威，发起者利用高涨的情绪争夺话语权，显得自己更在理。**这种情况通常发生在平级之间，为抢夺铺路，比如抢资源、抢领导的注意力、抢同事的信任。偶尔会发生在上下级之间，但这样的上级可能穷途末路了。

**隐藏信息，发起者想转移你的注意力到情绪上，尽量别关注工作。**这种情况最微妙，任何层级都会发生，不论平级还是对上对下，都有可能。有一些重要信息不能告诉你，你一旦知道了可能对他不利。但是工作要继续，于是耍手段用情绪来推着你往前走。

利益追逐者的冲突没有征兆，没有准备的人很容易被牵着鼻子走。

**2. 情绪爆发者**

第一章谈到要了解自己的暴怒、恐惧等情绪。现在我们可以**戴上透视眼镜**，看看别人情绪爆发时背后的心理需求，**选择自己的策略**。

正面冲突的发起者**动力强劲**，而这种动力通常源于**安全需求**或者**生存需求**。比如，不发起冲突就会失去这份工作，流落街头；不发起冲突就无法保护自己，以后会成为靶子；等等。

这些想法是真是假不重要，重要的是，**发起者坚定地认为是真的**，当中掺杂着不同的个人议题。我们是同事，没法在工作场合里完成心理咨询师的工作，所以**不要高估自己的说服能力**，很有可能适得其反，进一步激怒他。

**反击是最常见的情绪爆发的原因。**发起者认为自己受到了攻击和伤害，需要用正面冲突来反击，阻止别人侵害自己，维护自己的尊严，获得一点掌控感。

第二个原因是**心虚**，简单来说是**恼羞成怒**。发起者认为自己努力隐藏的弱点被发现，想阻止别人揭发自己，与此同时，对自己的心虚而生气，也为自己的生气而生气，形成恶性循环。

这两类爆发者藏不住，反击的人平时容易被一句话激怒，心虚的人容易生气很久。你不会特别讨厌他们，但是会防着他们。

接下来的两个原因就让人很难受了。

第三个原因是**控制**。听起来和施压逼迫很像，但是有本质的区别。这类爆发者渴望在方方面面对你实施控制，有没有利益不重要，**控制你是他最大的渴望**。当你拒绝被控制，或者只是"不够听话"，他就会爆发，发起冲突，并且爆发到你服从的那一天为止。

第四个原因是最糟糕的情况，即**施虐**类发起者。阿猫的领导也有这个可能。他的快乐源于辱骂你，侮辱你的人格，贬损你的一切。他从来不隐藏自己的施虐乐趣，甚至沾沾自喜。你对自己的评价越来越低，也越来越听话，但是他不会停下，会继续用正面冲突去伤害你，因为让你难过是他的快乐源泉。

梳理了这么多，我们会发现，**正面冲突的发起者是受益方，有自己的目的**。他们像饿坏了发脾气的小孩，大声尖叫，朝人扔石子。可惜的是，他们并不是真正的小孩，我们也不是他们的父母，并没有责任如他们所愿去投喂。身为打工人，工作才是第一要务，**我们没有义务满足别人不合理的需求**。

## 消解的秘诀在于流程管控

很多人会解释说，自己是被迫吵架，不吵的话，工作就进行不下去。

误会大了。

如果脾气大、吵架多，工作就能顺利，那么市值最高的公司应该是"杠精"开的。

真相是：**冲突对工作毫无帮助，愤怒情绪会使关系恶化。**

有很多文献和研究已经表明，对抗性场景会大幅度增加我们的压力水平，对大脑、心脏等器官带来伤害。

冲突这件事既不利于工作，也不利于健康，不值。

那么，为什么我们会为自己找借口，想方设法"参与到"冲突里？因为我们感受到被攻击，内心同样产生了安全需求或者生存需求，想保护自己，想改变不愉快的现状。

另外，很多人会碰到阿猫的情况，不想参与到冲突中，但是很被动，感觉自己失去了控制权。然而这份失控感又无法在工作中找到，增加了额外的情绪劳动，过后还会不断回想，人也变得疲惫。

其实不论是哪一种情况，我们都要提醒自己：**我有情绪反应很正常，但是情绪背后的需求可以在别处满足，我拥有看向别处的权利。**

看向别处的意思是，在不同的地方进行情绪宣泄。正面冲突发生后，你可以选择打拳击、玩游戏、唱歌，或者吃吃喝喝，买买东西，也可以像《九品芝麻官》里的周星驰，对着大海怒骂一顿，宣泄自己的怒气。

在带团队的时候，我观察到有的同事以公司为家，喜怒哀乐都扎根在工作里，不刷社交平台，不玩游戏，不抽盲盒，电影、电视剧、综艺也不看。缺乏情绪回避策略会把自己困在工作中，所有情绪放在一个篮子里，降低了情绪面向的范围。一旦工作有风吹草动，情绪就会受到牵制，很难看向别处，寻求其他情绪出口。

保有看向别处的权利，我们就会相信自己的情绪还有退路，在冲突的当下，有可能做到理性对话。

发生冲突是因为各方的理解和需求出现分歧，没有达成一致。我们要做的是解决分歧,导向结果。

**对冲突进行流程管控的人,拥有真正的冲突主导权。**

冲突的流程在下文会给出参考流程,不过在管控冲突之前,我们先学会调整状态,不被别人牵着鼻子走。

## 心有"化骨绵掌"

当你面对冲突时,愤怒或恐惧有一个堆叠的过程。提前注意这些信号,可以帮助我们及时停下,不被发起者拽进情绪的旋涡中。

**1. 注意躯体反应和下意识的想法**

**主动注意躯体反应可以防止情绪的堆积。** 比如阿猫的案例中,头皮发麻、脑袋里嗡嗡响、心"怦怦"跳、觉得双脚钉在地板上,都是情绪带来的感受。除此之外,还有耳鸣、手脚发凉、手心冒汗、脸很烫、感觉血一下冲到了头顶等,这些都是身体在提醒你,情绪在积累。

但是,觉察到自己的躯体反应需要练习,如果一下子觉察不到,那么我们可以换一个方向,从下意识的想法开始。比如,"我想让他闭嘴!""他在针对我!""这个人是傻子。""他没有道理,我要说服他。"**这类带有贬低和攻击性的想法是战;**"我想立刻结束这个话题聊点别的。""我没有权利生气,我害怕自己失控。""这件事情别谈了,太可怕了。""他好生气啊,我必须赶紧同意,不然我会受伤。"**这类消极的想逃避的想法是逃。**

不论是躯体反应还是下意识的想法,当我们发现以后,把注意力从发起者身上转移到自己身上。

**2. 默念:对面是个饿坏的小孩**

正如一开始所说,正面冲突的发起者是一个饿坏的"小孩",他用自己的情绪袭击你，目的是让你满足他的需求。

跟饿坏了发脾气的"小孩"讲道理，能讲通吗？很难，"小孩"要的是投喂，不是安慰。

虽然"小孩"很可怜，但是**成年人把个人议题放到工作场合里是不合理的需求**，你没有义务承担。

我们用这句话做一次课题分离：那是个饿坏的小孩。

### 3. 提醒自己：工作内容是什么

每个人有不同的工作目的，或是为了生存、生活，或是为了获得成就感、多见世面等。除了心理行业外，大部分人的**工作不包含解决同事的情绪问题**。

那么，你现在的工作内容是什么？写方案？维护客户关系？提高生产效率？反正不是跟人吵架。

### 4. 认识恐惧

"逃"的防卫策略，常常源于恐惧。当你意识到自己想"逃"，难以面对冲突场景，可以捕捉自己的感受，告诉自己：我在害怕，**我的恐惧冒出来了，我害怕的是什么？冲突带来的后果是什么？是受伤？会丧命？还是怕报复？**

正如本书中一直强调的，每一种情绪背后都有需求。恐惧背后隐藏了什么不被满足的需求？这是我们了解自己的好机会。

### 5. 可以示弱

很多人觉得做人必须强势，不然会吃亏。

其实不用。

工作是为了利益，公司知道，你的领导也知道。换句话来理解，**你的工作表现比反击表现更有价值**。试试转换角度，你是领导，一个员工常常发脾气但业绩不好，一个员工不会吵架但是业绩突出，你会支持谁？

"你这样说让我很受伤""我没办法在这么激动的对话里说出话""我吓得心怦怦跳。"你把不舒适的感受说出来,对方就会明白,这样跟你谈事没用。他想得逞就不能用情绪来攻击你,得照顾你的感受。

#### 6. 你不孤单

这是很多人最容易忽略的一点,认为自己孤军奋战。

以我丰富的经验来看,**情绪形成的场域会影响所有人**。即便发起者在攻击你,其他在场的人也会感觉自己被攻击。其他人会低头不直面冲突,或者带着悲悯的眼神看你,有的人会不安,有的人会愤怒。

没有人喜欢正面冲突,所以你并不孤单,其他人跟你在一条船上。

理解以上心法,我们可以尝试**内心对话**。

〇发起者的情绪袭击是他的问题,他不是真的攻击我,是别有所图。

〇我的身体/想法在告诉我,不喜欢这个正面冲突。

〇照顾自己比回应发起者更重要。

〇我在尝试保护自己,不想被伤害。

〇担心被伤害是感受,不一定是真的。

〇对方如果想揍我,我可以找公司处罚他,还能报警,打官司索赔。

〇我可能无法离开现场,但我不会被他控制。

〇结束之后,我可以在别的地方宣泄我的情绪。

我们可能无法离开"山泥倾泻"的冲突现场,然而我们有能力把自己拽出来,站在高处。**山泥会脏脚,但别想把我们掩埋。**

## 说出"化骨绵掌"

外人不知道你的内心变化，接下来我们对冲突进行流程管控。这也是你在向所有人宣示你的职场规则：**我是这样处理正面冲突的。**

**1. 展示稳定力**

我们已经知道，稳定性是最容易被忽略的职场优势。冲突是展示个人稳定力的好时机。

稳定的人不会回避，会承认别人的情绪。我们可以"看见"冲突发起者的情绪。

○我注意到你很激动，是工作中哪个部分让你不舒服吗？

○我能明白你很想把工作做好，忍不住激动了起来。

○我可能无法感同身受，但是我感觉到你很在乎这项工作。

"看见"情绪是提醒也是安抚，不论发起者是演的还是真情实感，我们都要表达共情。

话说到这里就够了，"看见"不等于承接，我们不用解决对方的情绪问题，界限要划清。

**2. 集中提问理性的内容**

发起者宣泄情绪过程中，多多少少会夹杂工作信息。不论是夹带私货还是胡说八道，我们都可以从工作信息切入，**开始管控冲突流程。**

○你刚才提到的内容比较多，我好像听到你说方案行不通。具体是怎样？

○你刚才说的内容太多了，我有点记不住。你说的难点可以再重复一次吗？

○你的情绪很激动，但是我听不懂跟工作有什么关系。你能帮我理解一下吗？

你的反馈要集中在工作上,**把冲突往具体事项引导**,并且明确表示**情绪宣泄对工作没有帮助**。

**3. 提醒对方什么是现实目标**

发起者有可能依然在宣泄情绪,套着工作的马甲发泄自己的情绪。

我们不用评判他说得对还是错,评判就是投喂。告诉对方,跟你对话的唯一可能性是理智,对方自然会考虑调整自己。

○我们这次讨论,为的是什么?

○怎样去实现这个目标?

**4. 提出你的诉求和要求**

第1-3步可能一直重复,这个过程无法避免。当对方顺畅地讲明白如何实现目标,你就可以提出诉求和要求了。

诉求是你期待这次讨论能**解决什么问题**。

○我在工作中也发现有些地方需要修正,比如……

○我完成这部分工作时,需要其他部门的协作,比如……

○我期待这次讨论可以解决现阶段的……问题。

○我发现团队有点懒散,挺影响效率的。我想提高效率。

要求是你希望其他人**如何参与讨论**。

○我也很着急,但是我建议,我们一起调整情绪,然后把问题解决掉。

○开一次会不容易,大家都忙,我们还是高效一点,把重点问题捋清楚吧。

○我觉得每个人的建议都很重要,各自发言的时候,我建议不要打断。等对方说完再反馈也来得及。

○讨论这么久大家都累了,我建议大家休息10分钟,调整好后继续讨论正事。

当你索要东西的时候，能直接打断发起者的情绪连贯性，重心也转移到你身上，**冲突变成了讨论**。发起者索要别人的情绪劳动，你索要的是工作，**冲突的流程开始由你管控。**

### 5. 邀请对方讲重点

这是很重要的一步。刚才我们回应了发起者的情绪，也提醒了工作里的现实目标是什么，现在，我们发起邀请，把主动权送到他面前。

○ 讨论到现在，你觉得有哪些部分对你有帮助？

○ 你觉得问题的症结是什么？

○ 这些问题，你能帮忙解决吗？

○ 我们的卡点是什么？

有的人没被邀请也能不断说，这并不影响我们再次发起邀请，让对方多说一点。这个动作是我们伸出橄榄枝，表达重视和平等。利益追逐者如果拒绝橄榄枝，那么会失去谋求利益的机会。情绪爆发者收到邀请，能缓解紧张和敌对情绪。

记住，**正面冲突不是辩论赛**，我们不用做胜者，说得多还是少不重要。我们的目的是减少不必要的情绪劳动，回归工作当中。

### 6. 挑明你的实质性帮助

工作里只讨论问题不谈解决方法，是浪费时间。我们来推进一下。

前面你做好了提问，推动别人思考。**当大家趋于平静，你可以主动提供实质性帮助。**

○ 方案执行过程中，我可以在……方面提供一些支持。

○ 我了解到阿猫需要资源，我可以牵线，介绍你和某总认识。

○ 我以前遇到过类似的难题，我有经验，我可以负责。

这是**抢功劳的号角**。

有的公司竞争氛围浓厚，你自告奋勇领任务，其他人会慌，会被带动起来。有的公司是做多错多、不做不错，你提出负责具体事项可以避免少犯错。如果有人想把你不乐意承担的事推到你身上，你也可以推回给对方。进可攻，退可守。

○你提到的事我不擅长，搞砸了影响到公司就不好了。我还是专注做自己擅长的事比较好。

### 7. 提出解决方案

1到6，可能反复出现。当你观察到在场各位的情绪趋于平静，感觉自己的心跳、脸热、手冷也没那么强烈，可以把流程推到最后一步：解决。

○似乎问题可以由我和阿猫，还有阿狗一起解决。不知道我的看法对吗？

○好像我们已经有解决办法了，是不是要梳理一下，把方案改一下？

○这个问题听起来有几个行得通的办法，我们选哪一个？

我们不一定能在一次会议上解决所有问题，必定有些难题悬而未决。但是化解了正面冲突，工作也往正轨走，更容易往前推进。

## 有备而战

我们平时可以练习化解冲突的能力，越熟练越不慌。

首先是**设定缓冲词**，当我们被人气到或者吓到的时候，给情绪铺上"气垫"来"软着陆"。

缓冲词是无意义的词，我常用的是"原来如此""这样啊？""我得想想""我也好奇"，你也可以组织自己顺口的缓冲词。

跟无意义回答有所不同，**缓冲词更加模棱两可**；缓冲词也可以不说出口，只在心里念。

缓冲词的日常训练，可以帮助你习惯两件事，一是习惯他人提出不合理要求，二是习惯不答应。

每当别人对你提出不合理要求，都是练习缓冲词的好机会。比如导购让你买套装，销售哄你买会员，你用模棱两可的缓冲词，给自己留出时间思考，我真的需要吗？

即便对方纠缠，多说几次缓冲词，你也能脱身。

古罗马诗人奥维德提供了另一个角度看待暂时的离开："没有间歇，便不能持久。"

我们正在改变的是自己的认知行为基础模型，这是相当有难度的，等准备好了再去应对也不迟。

## 小结

发起正面冲突的人有两种，一是**利益追逐者**，冲突只是他们的一种工具，背后另有所图；二是**情绪爆发者**，有私心，想榨取你的情绪价值，把你当情绪垃圾桶。

不论是哪一种人，应对策略都是**不承接情绪，只回应事情**。

流程不难，平时可以**逐步练习**，最难的是**心理调适**。不论是外向还是内向的人，面对冲突都会很痛苦。提前做好**心理准备**，准备好**缓冲词**，对自己更有利。

# 隐形攻击,确实是别人的错

"阴阳怪气、拐弯抹角的,有事儿为什么不直接说!"

## 明枪易躲,暗箭难防

"明枪"指显而易见的主动攻击,包括上一篇提到的正面攻击;"暗箭"则是不容易被觉察的被动攻击。

被动攻击,愤怒表达得隐晦,也没有明面上的冲突,但是**你会感到不爽、不舒适,最重要的是,包括人脉、收入等利益会受损**。

在展开讨论之前,先要排除一些情况:阴阳怪气、抬杠、不给面子。这些行为没有造成利益损害的话,不属于隐性攻击,属于小孩子闹脾气。

有能力攻击的人会直接剥夺敌人的资源,不论是正面冲突还是隐性攻击,目的都是损人利己。闹别扭的人在语言上缺乏足够的表达能力,无法讲清矛盾,也不相信自己的表达会受到重视,行动上也没有能量实现破坏,才会用闹别扭的方式来表达自己的攻击性。

我们通常对这类"小朋友"比较宽容,因为无关紧要。被动攻击不一样,涉及利益的事要麻烦得多。

比如,你提出方案,对方每次都反对。你进一步问,怎样改进更好？有没有更好的看法？对方又避而不谈，像极了冷暴力。你向上司做汇报，对方用好像理性的语气挑刺，让上司对你的不信任积少成多。甚至有一些更小的事情，约同事们一起吃饭，唯独不约你，回头在朋友圈发大合照说"一家人真好"。

一次两次是无心，如果总这样做，沟通后依然不改，那么这些故意找碴和忽略孤立，就是隐性攻击了。

我们眼睁睁看着自己利益受损，一旦反击却显得小气，甚至不能责怪对方，外人会觉得矫情，太敏感，玻璃心。然而，不论是员工还是管理者，都会被这类被动攻击影响到工作。小则受气，大则可能被上司看不惯而被辞退。

击退被动攻击，第一步是了解对方的目的，理解动机。

## 四类被动攻击

有的时候我们会宽慰自己，算了算了，这点小事别太计较。不损害利益的事情是发脾气，确实不用计较，但是影响到工作，比如项目无法推进，被迫搁浅，或者绩效工资降低，或者妨碍升职跳槽，这种情况就很有必要计较了。

职场上常见的被动攻击有四种：**歪曲表达，出尔反尔，冷暴力，造谣**。

第一种，**歪曲表达**，是指你说了A，对方故意歪曲成B，然后再指责你。歪曲表达常见于多个部门争夺一份珍贵的资源的时候，现场看起来像宫斗戏。

阿猫所在的部门要出一个新产品方案，需要了解大客户的需求，而大客户经理不愿意帮忙。大客户经理拒绝帮忙的理由是，他的职责是为大客户提供服务，而了解大客户需求更像是向客户提要求，有可能破坏关系。但从阿猫的角度，这个新产品不是公司主业务，也不影响绩效考核，只不过准确获得大客户的需求可以大幅度减少市场调研的时间。

这个时候，大客户经理就可以歪曲阿猫的意思了："你的业务没有大客户需求就推进不了吗？"

这不是事实，阿猫说："不会推进不了，就是慢很多。"

大客户经理抓住这一句说："既然没有大客户需求也能推进，那我没必要费劲帮你。"

阿猫寻求更多的资源支持自己的工作有错吗？没有错。大客户经理认为这样做有损自己的利益，拒绝了阿猫，有错吗？出发点也没错，但是沟通方式错了，变成了攻击。

歪曲表达，其实是避重就轻的一种做法，将别人的需求偷换概念，变成"不重要"，以此在逻辑上击垮对方。

用歪曲表达来被动攻击的人，常用的借口是，"我理解是这样的，你说的方法在我这里行不通"，无论你怎么讲道理，对方就是说不通，油盐不进。

第二种，**出尔反尔**。这个好理解，也很让人讨厌，要注意的是，出尔反尔不等于不兑现诺言。有的时候我们无法兑现诺言是因为客观条件不允许，并不是主观上故意使坏。市场变幻风云莫测，客观原因导致工作无法推进，属于**正常战损**。**出尔反尔是指，一个人答应得很好，但是在没有任何理由的前提下，突然停止工作，即便追问也讨不到一个说法。**

工作中的很多准备和进展是基于未来设定和推进的。外部合作和公司内部协作的时候，对方已经答应，我们就会投入相应的时间、人力和物力，结果临门一脚踢空，那我们这些诚恳投入的人，沉没成本就非常高了，更重要的是，这种"掉链子"会让人错失最好的机会。

出尔反尔的人常见的借口是装傻和否认两种，"啊，是吗？是这个意思吗？""当时我没有这样说，你肯定记错了""你误会了吧，我不是这个意思"，不会承担自己的责任，也不会给出个人失责的原因。

**第三种，冷暴力，是故意忽略、无视别人的努力和存在，一问三不知**，无论在生活中还是工作中都会给人带来伤害。就像前文提到的例子，我们在会议上讲方案，冷暴力者不同意也不反对，继续追问也不会给答复。

上司的冷暴力和下属的冷暴力情况不太一样。

先说上司的冷暴力。我们作为下属，提交方案并且提出需求，上司不同意也不反对。追问他，依然是沉默。这种沉默的上司其实是心里没主意，也没判断力，没办法回应下属的疑问，而且上司也有所顾虑，担心自己现在所说的话会成为日后被反咬的证据。

这种沉默的上司不是谨慎，而是缺乏责任心，冷暴力几次就会失去团队的信任。建立信任不是下属专有的工作，管理者同样需要付出努力获得下属的信任。一味地冷暴力、不回应，有问题不真诚沟通，管理者会失去下属的信任，带不动团队，下属们会应付式工作，用绩效约束他们都不一定管用。

没有永远的管理层，光杆司令在职场上是会被淘汰的。

至于下属的冷暴力，通常称为"老油条"。"老油条"也不真诚，跟他说再多的话都像一拳打在棉花上，没有效果。有的人认为，团队把"老油条"排除在外，就能降低风险了，大家工作起来也公平。现实中，部门能自主换人、招人并不容易，有的时候部门离职率也是领导的考核标准之一。现在已经很少有盲目扩张规模的公司了，都讲究人效，也就是说，团队每个成员要承担的工作量非常大，占坑不干事，对敏捷开发等业务是致命伤。领导只要不是公司的CEO，都要说服HR、分管领导等相关人员，才有可能换一个人或者招一个新人。然而公司会严格考量用人成本，换人、招人都不容易。

这种冷暴力的员工，如果处理不当，最终是领导和同事一起承担他的失责，越干越累。

最后一种被动攻击是造谣。造谣其实是最笨的一种被动攻击。我身为女性，不到25岁就成为管理层，在任何机构和公司工作都被造谣过。公司是好的，但人各种各样。这些造谣的人不会当着我的面说，然而能轻易传到跟我关系好的同事的耳朵里。这些谣言能准确到是谁先说，始作俑者都跟谁提过，整个传播脉络十分清晰。

工作上的事只要有电子邮件存底、微信聊天记录以及飞书、石墨等在线文档，一般不容易被造谣，可以查验真相。

**针对事件的造谣，带有目的性的声东击西**。比如，有人的项目黄了就造谣说是你搞鬼，或者在领导面前说你说话没分寸、侮辱公司，还有你完全没打算跳槽，却到处跟人说你要跳槽、懈怠工作。这种事件性的造谣不一定是否认我们的工作能力，而是在某个时间点，造谣者想谋私利，刚好我们撞到枪口上了。比如，有位空降领导想为自己人腾挪一个职位，于是造谣新团队的一个下属搞砸了事情，目的是辞退这名下属。

还有一个离谱的案例，阿猫想跳槽，但是公司有评优的机会，能涨工资。如果被公司知道自己要跳槽，那么会少拿几百块，于是阿猫造谣说是阿狗想跳槽，把阿狗挤下了名单。

造谣不一定跟利益相关。针对个人的造谣，**通过私生活来否定工作能力**，"这人跟那谁搞在一起，工作能力肯定不行""说话那么轻佻，肯定跟领导关系不一般""这个人能升职，靠的是后台/运气/拍马屁"等，一言蔽之，这个人的一切成就都跟工作能力无关。这种造谣源于嫉妒，是为了满足自己的窥私欲。

这四种被动攻击的方式、形式不同,背后的原因只有三个。

## 帮助他人释放攻击性

被动攻击者,通常是弱者。

这里所说的弱者不是能力差或者地位低,而是偏执,"我认为我弱""我认为别人总是要欺负我"。

有的人说这是被害者妄想症,其实还没到病症的程度,更像是一种偏执的心态,不一定要治疗才能好。

第一章谈到愤怒情绪,就算我们无法表达愤怒,但是攻击性依然存在。我们无法通过理性压抑与生俱来的攻击性,尤其当攻击性是基于防御目的,如果不攻击自己就会受伤。

然而矛盾的是,攻击别人是让人不齿的行为,如果真的释放攻击性,我们就会伤害到别人,就不是乖孩子了。小时候被训斥不乖的那个声音又冒了出来,不许我们直接说出不满,这个时候,被动攻击就会出现。

**被动攻击者,认为自己很弱,而且受到了威胁也无力反抗,当其缺乏安全感和主导权的时候,被动攻击既能释放攻击性又安全。**

这些判断不需要是事实,被动攻击者自己内心会这样认为,就足以去攻击别人。

有的人猜测,那是不是自己做到位,就能避开被动攻击呢?**停止自我怀疑**,任何人都值得被善意对待。即便真的有错,我们也配得上别人好好沟通,得到别人尊重、理性的反馈,再有所进步。

我们无法改变别人心里想什么,**实际且低损耗的应对办法是帮助他人释放攻击性。**

听起来很奇怪,被人攻击了,我们已经有苦说不出,竟然还要帮助别人释放攻击性，这也太委屈了吧。

工作场合里更准确的判断办法是，最终结果是否对我们有利。如果是无底线掏空自己，必然不适合，如果释放善意可以帮助自己的工作更顺利，不妨试试。好的结果可以成为我们帮助别人释放攻击性的动力。

与正面冲突不一样，被动攻击进度很慢。我们作为被攻击者，有更多时间和空间捋清对方的做法，做好应对策略。既然对方感觉不安全又缺乏主导权，那么可以在**有其他人在场**的情况下，主动邀请对方分享看法。

○我注意到你最近对我有（＿＿＿＿＿＿）的看法
○我不太认同这个看法，我是一个（＿＿＿＿＿＿）的人。
○是不是我做的哪件事，让你产生了误会？
○希望你能告诉我，帮助我改正。

我们内心知道自己没有错，但是身为被造谣的强者，需要多顾虑对方的"弱"，同时展示自己的"弱"，让对方知道凶残的敌人并不存在。我们不是向造谣者解释自己，而是**让旁观者见证我们的"无罪"**。

这里只是给对方提供一个表达的空间，满足对方的表达欲，感觉到自己被重视，但满足对方的需求并不是我们工作的职责。

当对方说完以后，这一点也要准确地表达出来。
○我听明白了，你想要的是（＿＿＿＿＿＿）对吗？
○但是这件事超出了我的工作范围，我做不到。
○如果你想解决的话，我会努力帮你想想办法。
○希望能解开我们之间的误会，毕竟解决问题才有用，我们互相误会，不解决问题。

回应是阐明我们的职场边界：**帮你是人情，不帮你是道理，别再**

刁难我，大家都看到了。

成年人的世界里没有那么多扯头发和破口大骂，不带情绪地说出来，能足够表明自己的立场，带有"你再被动攻击那就是你不懂事"的指责意味。

如果对方就是不肯沟通怎么办？我们已经用语言和稳定的情绪展示了真诚的态度，也表明这些小动作已经被识破，对方拒绝沟通就显得不识趣了，在场的人自有判断。

要注意的是，这话能跟上司说，不能跟老板说。上司之上还有上司，有第三方管理。老板的被动攻击是穿小鞋，没人管得住。除非这位老板觉察能力和自我反省都很强，才有可能听得进去其他人说的话。

## 解决冲突的社交面目

解决冲突和应对被动攻击是比较难的技能，也是我们从小到大的教育里缺失的两门课。

有意思的是，从小到大老跟人吵架的人，在工作中也擅长据理力争。这意味着，多练习，就会了。

所以不要灰心，面对冲突的时候被吓到很正常，通过练习减少冲突对我们的利益和身心的伤害，展示出来的社交面目就是沉稳、冷静、讲理。

# 万变不离其宗的课题分离

第三章挑选了几个工作场合中适用的情况进行了讨论，所有的讨论旨在练习一个知识点：课题分离。

课题分离和第三章多次提及的边界感的概念，都是个体心理学创始人阿德勒的重要理论。这两个概念在社会生活中适用场景很多，边界感对个人而言，好比梳理清楚自建房的红线建筑范围；课题分离则是个体与外界的关系，正如怎样跟同桌谈好三八线的画法。

很多人误以为，有了边界感，在人际关系当中就不会吃亏；有的人认为，只要会说话、用套路，就能处理好人际关系的矛盾。

实际上，边界感是课题分离的前提之一。只有边界感，没有处理好课题分离，那么会变成一只时刻紧张的刺猬，总在判断别人是不是在侵犯自己的边界，非常紧张，也缺乏弹性。而在边界感不清晰的时候完成课题分离，则是把面粉从面团里分离出来，剪不断，理还乱，越分越糊涂。

我用阿猫、阿狗一起做饭来举例，帮助你理解。

阿猫、阿狗合作做饭，阿猫负责切菜、炒菜，阿狗负责下米煮饭、洗菜。

阿猫切菜碰到了困难，喊阿狗帮忙。阿狗觉得成年人应该独立完成任务，拒绝帮忙。阿猫很生气，骂阿狗冷漠。阿狗认为独立完成自己的任务没有错，被骂了很不高兴，反骂阿猫。

如果只用边界感来理解，阿狗的做法没有错。然而我们不是一根竹竿插到底，忽略了与外界的互动，很容易出问题。用课题分离理论来分析，这场矛盾原本可以避免。

阿猫和阿狗的分工是基于公平原则，大家干的活要一样多。阿猫突然提出要阿狗帮忙，是因为任务进行中碰到了自己无法克服的困难，为了实现集体的最终目的，阿猫选择了求助。阿狗则会认为这不是我的责任，帮了就是不公平。

阿猫认为阿狗必须帮忙，这是阿猫的课题；阿狗认为坚决不能帮，这是阿狗的课题。第三章第四节、第五节，谈了帮助和求助，对比下来，不难发现阿猫、阿狗都有问题。阿猫的问题在于，要求别人突破边界，替自己承担责任；阿狗的问题是切断人际联系，忽略了团队利益也会影响个人利益。而如何与对方好好沟通，是阿猫、阿狗各自都要面对的课题。

用课题分离理论来看待，我们就能明白，阿猫、阿狗要做的不是批评对方也不是互相说服，而是在**认识到自己的课题**前提下，**不用情绪对抗，然后找出一个双方都认可的解决方案。**

阿德勒的课题分离理论是区分个人所面临的问题中哪些是自己的课题，哪些是他人的课题，从而帮助人们更好地解决问题。他认为，通过课题分离，人们可以更清楚地认识到自己的责任和能力范围，更有效地解决问题。

这并不意味着人们对他人的课题漠不关心，而是要尊重他人的课题，合理地分配责任和资源，从而达到共赢的局面。

这也是第三章整章在尝试讨论的主题，提高理性思考的比例，给情绪减负，打造出一个足够好的社交环境，然后才有机会展示个人优势。

# 课题分离小练习

本书列举了很多发生情绪冲突的故事，现在，我们试试对故事里涉及的个人课题，做课题分离。

我们已经一起学习了三章内容，如果回到第一章的各种情绪，那么在课题分离后，可以找到新的应对办法吗？

课题分离可能看起来很多，但是，意识到哪些课题是别人的，哪些是自己的，社交和情绪都会有所改善，负面情绪会减少很多。如果想进一步提升，可以对任意一个自己的课题做一点尝试，感受会很不一样。

**故事一**

阿猫一毕业就进入了大公司。虽然才工作了两三年，但是凭借好性格和好悟性，她的上司带她参与了几个大项目，岗位也不是闲职。

在大公司待得舒适，阿猫有了出去闯一下的想法，于是找我聊。跟阿猫聊天非常愉快。她阳光、自信、思维敏捷，不但有过硬的工作经验，而且有全局视野，逻辑清晰地对项目和市场进行了判断和复盘。

阿猫下定决心跳槽，投递简历，很快就收到了录用通知。她离开了大公司，打算出去试试。

两个星期后，阿猫仿佛变了一个人，远没有以前自信，甚至不愿

意承认自己实打实做出来的项目成绩:

"我之前的业绩都是靠运气吗?"

"新公司说我很差,我之前的自信,实际是自大吗?"

"新领导说我能力差,以前我觉得自己挺行的,但是现在我不确定了,我不敢做。"

"我以前的领导对我好也许是假的,其他公司肯定也不会让我过试用期。"

**分析思路(示范):**

阿猫碰到的问题是,失去自信心,对自己的能力有所怀疑,不相信自己是一个优秀的职场人。

从她说的话里,可以分离出几个课题:阿猫的工作能力,新领导的评价,阿猫对权威(领导)评价的理解,阿猫的自我评价,阿猫的情绪。

阿猫的工作能力,是看业务成绩,还是靠外部评价?是看业务成绩。也就是说,不论别人夸还是贬,业务能力是客观事实,不因评价而改变。如何理解自己的工作能力,是阿猫的一个课题。

新领导的评价,是谁说出口的话谁负责。既然用一种贬损的方式对待员工,那么新领导要承担自身管理风格所带来的弊端,即打击员工自信心和工作积极性,团队缺乏活力和创造力,阿猫的感受就是活生生的例子,足以证明这位新领导的管理风格有待提高。如何好好说话,是这位领导的一个课题。

阿猫认为,权威评价等同于自己工作能力的唯一评判,这个判断方法是否正确?如何看待权威评价,是阿猫的一个课题。

阿猫的自我评价,是基于自我认知还是基于外部评价?更健康的方法是基于自我认知。如果暂时无法降低外部评价的"威力",要清楚意识到那是外部的评价,并不是事实,也已经成功了。如何做自我评价,是阿猫的一个课题。

阿猫的情绪因为新领导的评价而低落。情绪的背后是什么?为什么这么在意领导的评价?领导的评价是不是唯一正确的?如何做到尊重领导的看法,同时保留自己的看法?情绪背后的需求,是阿猫的一个课题。

看到这里,新的应对办法呼之欲出。

当阿猫意识到,自己太在乎来自权威(领导)的评价时,情绪虽然不会消失,但有所缓和,明白自己没必要那么情绪低落。同时,也明白每个人都有发表自己看法的自由,每个人也可以有自己的偏见,权威也不是全对。新领导说话伤人,那么,怎样好好说话是新领导自己的课题,阿猫接受他有这样的缺陷,理解这个缺陷的存在与阿猫无关,不必干预或者教他做人。基于这一发现,阿猫看清楚了自己的工作能力并不是由别人的几句话来定高低,过往经历和成绩都是工作能力的铁证。那么,在新公司待得不开心,原因是阿猫的性格和新领导的管理风格不匹配。强扭的瓜不甜,不必勉强自己,还是分开比较好。至此,阿猫就不再纠结要不要讨新领导喜欢了,谁都不用讨好,工作能力就是自己的底气。

### 故事二

阿猫入职一年了,跟同事相处得还可以,但是有一件事总让她惦记。坐对面工位的阿狗对她很好,有时候阿猫工作出错了,阿狗也会打个掩护,帮忙改好。阿猫是新人,很感激她,只是心里总有件事:她们一起喝奶茶、吃饭,阿狗总是赖账。

阿猫委婉地跟阿狗说了一下,想着阿狗总能听明白吧。阿狗答应了,但过后依然赖账。阿猫觉得自己很委屈,感觉自己吃亏了,于是跟另一个同事吐槽。同事就不理解了:多大点事啊,不至于。

阿猫一听,更委屈了。明明理亏的是阿狗,怎么在同事嘴里成了自己不对呢?

阿猫、阿狗、另一个同事,谁对谁错呢?

"你太敏感了。"

"你想太多了。"

"太矫情了吧。"

"别那么玻璃心。"

"有必要这么斤斤计较吗?"

**分析思路(引导):**

阿猫的情况是,与同事关系不错,还欠了同事人情,但是同事赖小账,阿猫暗示后没效果,阿猫很在意。然而阿猫的在意遭到了其他人的负面评价,阿猫受了委屈。

可以分离出几个课题:阿狗乐于助人,阿狗赖小账,阿猫用暗示的方式说出期待阿狗还钱,阿狗没听懂暗示,阿猫认为沟通无效,阿猫向第三人倾诉,第三人给出阿猫负面评价,阿猫在乎负面评价。

阿狗的乐于助人和赖小账行为似乎矛盾,乐于助人的人一般很慷慨,但是也有行动大方、钱财抠门的人,阿狗是哪一种呢?不好猜,需要确认。与利益相关的社交礼仪,是阿狗的一个课题。

阿猫用暗示的方式说出期待,很可能不好懂,可以用更直白的方式去说,多说几次。这是阿猫的沟通课题。

阿狗没听懂暗示,有可能是神经大条听不懂,有可能是听懂了装不懂。需要多沟通几次来确认。阅读理解能力,是阿狗的课题。

阿猫认为沟通无效,是自己的沟通方式出现了问题还是对方的理解能力有限,依然需要确认。沟通方式是阿猫的课题。

阿猫向第三人倾诉,一件小事没解决,为什么需要向第三人倾诉?与当事人沟通似乎更利于解决问题。如何选择及获得支持,是阿猫的课题。

第三人给出阿猫负面评价，贸贸然插手其他人的矛盾，并且对事件里的人做评价，似乎不礼貌，也鲁莽。这是第三人的课题，边界感不强，还爱评价，不在乎自己说的话伤人。怎样说话不伤人，是第三人（同事）的课题。

阿猫在乎负面评价，一个不了解所有事实、缺乏边界感的人对阿猫做出评价，这个评价既不准确也不得体，阿猫却如此在乎，是不是太在乎评价，而忽略了自己的感受？过于在乎外部评价是阿猫的课题。

请你尝试写出新的应对办法：

_____

_____

_____

_____

_____

**故事三**

阿猫常常因为自己脾气暴躁而内疚。

前几天快下班的时候，领导临时派了一个新任务。他担心阿猫不熟悉，絮絮叨叨说了很多。但是阿猫急着回家吃饭，今晚妈妈做了最拿手的焖猪蹄。阿猫烦躁得很，眉头皱了起来，拳头也握紧了。她大声质问领导："既然这个任务这么重要为什么不早点安排？明天说不行吗？"

领导先是一愣，然后生气了起来。新任务明明是个好差事，自己好心提点反被骂。领导憋不住，嗓门也大了起来，跟阿猫吵了一架，最后两人不欢而散。阿猫回家吃饭也吃不香，晚上也失眠了，后悔自己这么冲动。

阿猫告诉我,这位领导很宽容,不会给她穿小鞋,但是她很讨厌自己总是生气,希望对别人能温柔一些。

**分析思路(引导):**

总结一下阿猫的冲突:阿猫想准点下班,领导临时拖着阿猫说话,领导认为自己是为阿猫的前途着想,阿猫责怪领导,领导觉得自己委屈并反过来责怪阿猫,阿猫回家后也很不开心。

阿猫想准点下班是为了吃妈妈的拿手菜,其实晚点回也能吃,今晚吃不上明晚也能吃。阿猫的不耐烦,是自己的课题。

领导在下班时间拖着阿猫说话,没有选好谈话的时间,虽然自己和阿猫都很忙,但可以提前约,领导却没有这么做,在时间管理上出了点小错。时间管理能力,是领导的课题。

领导认为自己是为阿猫的前途着想,这是领导单方面一厢情愿认为,阿猫并不知情。当然这是一位好领导,但是让对方知情,沟通会更顺畅。沟通方式,是领导的课题。

阿猫没忍住责怪领导,却无法表达出自己愤怒的缘由。如何表达愤怒,是阿猫的课题。

领导觉得自己委屈,认为自己没有被理解,于是跟阿猫吵架。要求别人无条件理解自己,这是一个不合理的期待,是领导的课题。同样,领导也没有好好表达愤怒,这又是一个课题。

阿猫把工作里的情绪带回家,吃不香、睡不好。情绪管理,是阿猫的一个课题。

尽管在之前的内容里,我给出了一个解决办法,不过,在这里依然可以练习新的应对办法:

_____

_____

**故事四**

明天,阿猫要向管理层做一个公开汇报。这次机会很难得,大领导在场,而且是自己带得很不错的项目。阿猫觉得,汇报做好了,升职涨薪就有底气了。

但是阿猫忍不住想:"万一我明天忘词了呢?万一大领导问的问题,我答不上呢?万一其他同事刁难我呢?万一其他人的项目完成得比我好呢?"

越想越糟糕,阿猫最终失眠了。第二天的汇报,阿猫说话磕磕绊绊,还不如平时汇报工作流利。阿猫对自己很失望,觉得自己很失败。

**分析思路(框架):**

1. 总结要素:

2. 课题分离:

3. 简单概括课题:

4. 新的应对办法:

**故事五**

阿猫最近碰到了新情况。给团队开会的时候，阿猫特别紧张。明明是驾轻就熟的工作，就是莫名其妙地担心自己会说错话，觉得自己的安排没办法让所有人满意，所以下属们可能讨厌她。

阿猫说，这只是第一层烦恼。第二层烦恼是，当她感觉到自己被下属讨厌的时候，就会变得生气，忍不住会骂人，跟团队其他人起争执。

阿猫性格虽然强势，但内心很善良，她知道自己不应该生气，也讨厌自己跟其他人吵架。她希望对别人好，但不知道怎么改变。

**分析思路（框架）：**

1. 总结要素：

2. 课题分离：

3. 简单概括课题：

4. 新的应对办法：

_____

_____

_____

_____

_____

**故事六**

阿猫负责了一个新项目。她对这块业务很熟悉，但新项目的汇报对象是大老板，不再是阿猫的上司。阿猫跟我说，这个项目肯定要办砸了。

我问她，为什么不敢呢？是项目进度不好吗？还是担心领导有其他看法呢？

阿猫说，都不是，项目进展顺利，领导也是非常好的人。但是她认为"无论我说什么，大老板都会认为我是一个差劲的人"。虽然大老板从来没说过这样的话，但是阿猫坚信他会这么想。

1. 总结要素：

_____

2. 课题分离：

_____

3. 简单概括课题：

_____

_____

_____

4. 新的应对办法：

**故事七**

阿猫半年多前特别想升职，但是公司一直没给她机会。她觉得自己工作完成得不错，但是领导一直打压她，熬了半年，阿猫觉得升职希望渺茫，慢慢从"狼系"变成了"佛系"，上班的时候还学会了"摸鱼"，刷刷小视频。

工作钱多、事少、离家近，然而阿猫一点都不开心。她一方面喜欢休闲的状态，但另一方面又很不满意，浑身不得劲儿。她问我：以前明明很有干劲，为什么现在变麻木了呢？接下来到底该怎么办呢？继续待着吧，没希望；做点别的吧，也不知道自己能做什么。太迷茫了。

1. 总结要素：

2. 课题分离：

3. 简单概括课题：

4.新的应对办法:

**故事八**

阿狗写报告不熟练,于是找阿猫帮忙"润色"一下。阿猫想,两人关系也不错,帮忙改改不是什么大事,于是答应了下来。但是拿到报告后,阿猫傻眼了,这哪是润色啊!明明是重写!

答应了总得兑现,阿猫憋着一肚子气,熬夜帮阿狗写完了报告。第二天上班,阿猫突然想起,因为帮阿狗重写报告,忘了写自己要交的文件,结果被上司一顿骂。而她替阿狗重写的报告,上司很满意,还表扬了阿狗,阿猫更生气了。

1.总结要素:

2.课题分离:

3.简单概括课题:

4. 新的应对办法:

04

第四章　让物质为心理需求服务

# 放下枷锁，遵从内心去工作

我们通过第一章可以了解自己的内心需求，通过第二章可以了解自己的职场优势，同时不断练习第三章的个人与环境的互动方法。持续三到六个月，估计能感觉到工作环境和自己的工作心态，变得稳定和平和。

第一章到第三章是一个循环的过程。在持续的练习中，我们不会立刻改变到位，但是会在一个个小改变中，慢慢获得力量感，变得没那么容易焦虑、抑郁或者愤怒。接下来，终于愿意相信自己有能力改变，就算是碰到突发情况也没那么害怕，可以有技巧地调整自己的状态，去面对变化。纠结的时候也能结合内部和外部因素进行综合判断、取舍，做出一个自己最想要的选择。

本章即将讨论的认知和行为会超出前三章讲的能力范围，不单对自我评价、自我认知等有一定要求，而且有可能颠覆你的惯性操作，引起不舒适。

第三章已经谈过工作的动力，为了钱、为了名，也可以为了人际关系，还有为了尊严感、成就感等。尽管职场收益看似是物质性的，然而人的需求不是只由物质组成。与此同时，我们几乎难以抑制地会把个人需求投射到工作当中，渴望自己的需求在工作里得到满足。

能够意识到投射，减少投射，就事论事，当然是非常好的。在做到这一步之前，我们不妨**把内心需求也归到职场收益中**，为自己量身定制一份"收益账本"。

**物质与精神结合的职场收益账，包括以下要素：收入、权力、社会资源、名誉、情绪价值、情绪支持。**

我们会为了高收入、好职位，忍受糟糕的职场环境，继续留在岗位上，但也会因受不了情绪折磨，毅然离开高薪工作。有的时候，我们会跟着一位好领导去跳槽，因为好领导会提供情绪安抚，给人力量感。

有明确的偏好是最好的情况，不过我们要解决的是，如何做到不为别人而活，遵从自己的内心去工作。

请你尝试回答以下几个问题：

○世俗所说的成功是最完美的吗？

○升官发财是每一个中年男人的梦想吗？

○不当管理层丢脸吗？

○不想发财是不上进吗？

这几个问题是真实的提问，挑战了世俗说法。提问者对这些问题感到迷茫，一方面觉得不听老人言吃亏在眼前，另一方面又觉得这些都不是自己想要的。做，不乐意，不做，好像也不对，处处别扭。

四个问题指向同样的根源：**我是不是必须活成别人认为好的那个样子？**

这四个问题的答案都是否定的。

世俗所说的成功并不完美，完美并不存在；并不是每一个中年男人都想升官发财；不当管理层没有问题，不丢脸；不想发财也不是不上进。

## 从小被投喂的"主角情结"

不论是我们从小看的影视作品和文艺作品,还是长辈们的教诲,都在告诉我们,自己是主角,一言一行都在配角们的注视之下,自己身为主角,必须担负一切责任推动剧情发展,如果一步错就会步步错,责任都在自己身上。

我们不但接受着这样的恐吓,也承受着同样的待遇。父母时刻监视着我们的一举一动,稍有差池就会被教育,结果我们真的相信自己被所有人关注,产生聚光灯效应,甚至"代替"别人的目光,在内心生成一位"审判官",对自己的对与错指指点点。

第一章提到的焦虑、自我怀疑、自我否定等感受,常常源于相似的经历,区别在于被关注后收到的是夸还是贬,留下了多深的痕迹。

在自媒体时代,"我是主角"的错觉被进一步加深。《自恋时代:现代人,你为何这么爱自己?》一书阐述了美国的这一文化现象,有意思的是,中国也有同样的情况。陌生人的留言回复,加深了"所有人都在注视我的一举一动"的错觉。

越上网越焦虑,别人30岁年薪百万,有房有车、有伴有娃,自己却活得像个社会边角料,任务完成得缺斤少两。是不是往上爬,我才能保住工作?是不是没有达成别人指定的人生成就,我就是失败者?

在回答这些让人痛苦的问题之前,不妨先给世俗的成功"祛魅"。

有句老话"吃得苦中苦,方为人上人"。做了人上人似乎意味着胜利,这是以前"官大一级压死人"的变种,放到这个年代其实经不起推敲。

仔细想想自己的顶头上司,他们的收入可能多一点,工作自由度可能大一些,发脾气可能更随心所欲一点。然而这三个好处只是"有可能",很多人奔着这些可能性把职场当作宫斗剧,钩心斗角给自己加戏,结果往往让自己失望。

**管理层滤镜**成了很多人的心魔,然而现实是很多公司的中高层及以下的管理者,收入不一定比技术型下属高。多跟猎头接触能了解到,人到中年,领导跳槽要难得多。

原因是,**管理者和被管理者是强依存关系**。

管理者的工作是把人才看作公司资产来进行管理。这时候,矛盾出现了:**有了金字塔的底部,塔尖才有意义**。也就是说,**没有人才、没有团队,领导的存在就没有价值**,光杆司令没用。

专家型人才则不一样。技术水平和知识储备,还有经历、经验,都是专家型人才的资本,这些资本会随着时间的积累越来越丰厚,至于其他人是否存在,并不重要。

很多人还忽略了一点,管理者的工作本质是与人频繁打交道,这意味着要把管理工作做好,除了要额外学习管理技巧、沟通技巧外,还要在工作之余付出大量的时间接触团队,持续付出情绪劳动。

举例来对比。

做员工,只需要面对两三个领导、十个左右的同事,那么做领导,就要面对十到十五个人的团队、三四个领导、两三个平级、五到十个外部人员。这些额外的社交工作没有加班费。

从收入来看,管理也可能分文未得。具体工作得团队做,领导不一定把控得住成果,所以,管理做得好,收入不一定能增加。再加上晋升通道狭窄,萝卜坑也就那么几个,万一没出成绩再被命运捉弄站错了队,会加速失业。

专家型人才的职业底气在自己身上,不论是加班还是学习,投入的时间成本都会体现在自己的业务能力上,离开公司,这些业务能力会被带走。

可见做领导不一定比做员工好。

做老板会不会好一点呢？不会。

广东老板到现在还保留一些习惯，春节前，老板会请伙计们一起吃团年饭。春节后，再请伙计们一起吃开年饭，而且老板会给员工发开门利是。在深圳的腾讯公司也有发开门利是的文化。

**水能载舟，亦能覆舟。**

老板能不能吃上饭，看自己的能力，也要看伙计们帮不帮忙。钱赚不到，睁眼就欠人工、房租、水电、货钱，伤了好伙计的心，生意很可能做不下去。钱从哪里来？人怎么哄？这两件事情不解决，老板也是虚名。

一人之下，万人之上，是小说情节，看看身边再看看史书，能持续上升的人有多少。放下对管理层的滤镜，不被这种"人上人"思维束缚，思路会更宽广。

我们虽然平凡，在工作中也会遇到平凡与伟大的分岔路，比如，负责一个超出自己能力范围的项目，或者承担一个需要投注自己所有身心、时间的职位，或者我们需要牺牲自己的健康完成公司的事业，这个时候，我们就能想明白，自己是否真的那么需要名、利、权。

如果得到的不是我们想要的，职场收益账就亏了，心里就会难受，很难熬下去。

## 觉察自己的需求再去选择

不把自己当主角后，我们可以**放下枷锁，留出心理空间去了解自己。**

第一章先谈情绪，是因为我们的每一个决定都需要情绪的助力。既然我们想找到一条适合自己的职业路径，那么去感受在担任不同职位、面对各种挑战的时候，自己的情绪变化。负面情绪集中出现的领域,最好放下相关工作。至于如何觉察自己的情绪变化,可以回顾第一章的内容。

通过第三章我们觉察到自己的需求,划出社交边界,保护自己的内心世界。现在,我们依然需要觉察自己的需求,去做职业选择。

承认自己的需求和世俗要求不相符,需要极大的勇气。

我们都知道所谓的刻板印象,很多人期待女性可以以家庭为重,平衡工作和生活的关系;期待男性成为社会和家庭的资源中心,负起所有责任,充满血性,在职场上厮杀,要呈现阳刚气质,男子气概。

这些对人的功能定义被称为**社会角色建构**。

我们可以看到网上有很多独立自主的声音,反抗这两种社会角色设定。我支持反抗,明明女性也可以成为资源中心,充满血性,男性也可以顾家爱家,充满柔情,个人爱好及特质都与性别无关。然而,我们也不能否认,跟世俗的观念对抗会让很多人感到痛苦,这是推倒一个世界再重建的过程,必定会给人的三观带来冲击性。

社会角色建构十分狡猾,对我们每一个人的角色有定义、有期望、有规范。什么性别理应做什么,什么年龄理应做什么,都有定义,包括我们的职业发展,其实都遵循了社会角色的定义,人人活在框架中。

这些框架一方面是强大的束缚,另一方面也是指导,构成了每一个人对自己的人生规划和身份认同。所以这一章节最大的挑战是,我们正在反省甚至否认已知的身份认同。

当我们变得忠于自我,原本的社会关系可能受到冲击。

比如我做很多事情是为了讨好别人,当我决定更遵循自己的感受的时候,会被其他人认为我出错了,生病了。有些好胜的人不是为自己而奋斗,是为了满足父母的期待而拼搏。如果突然意识到自己更喜欢岁月静好,那么原本的社会关系会被打破,产生矛盾,有些人甚至离我们而去。

逆水行舟看起来是在原地踏步，很容易让人对自己有负面评价，感觉自己很失败。我们依然是回到自身，问问自己：如果没有世俗的要求和束缚，我想过怎样的生活？我希望自己成为一个怎样的人？

这两个问题听起来虚无缥缈，仿佛哲学探讨。其实没有那么遥远，放到工作的场景里面都是现实问题，内心真正想要的就是我们的动力，会把我们推到能企及的最高处。

20岁刚工作的时候可以问，30岁转型期的时候可以问，40岁担心失业时候也可以问。每一次我们需要做出选择的时候，都可以问自己这个问题。

我常常听到的拒绝变化的理由是：我明确地知道我不想继续现在的工作，但是如果换一份工作，现在的生活恐怕维持不下去。

不要紧，拒绝变化的原因也是忠于内心。我们可以通过自问自答的方式，进一步了解自己真正的想法。

○ 不换一种生活，这种痛苦还能承受吗？
○ 如果承受，需要付出什么代价？
○ 可不可以换一种生活？
○ 换一种生活需要付出什么代价？
○ 前后两个代价相比，我更愿意承受哪一个？

迫于现实原因，我们无法做到真正的随心所欲，不过每一次选择都是我们在权衡利弊后，得出了职场收益账更好看的那个答案。

心理学当中经常提及动力。如果我们身处痛苦之中却不愿离开，那么，这种痛苦还是给我们提供了一些好处，让我们能够忍受下来。如果我们迫切想消除痛苦却无力抵抗，而且痛苦在加剧，这种情况意味着我们无法独自面对和解决这些困难，那就需要向心理咨询师寻求帮助了。

# 拓展"视野",即放下执念

"视野"是什么?

在理解这个词之前请回答以下问题:

〇为什么碰到了同样的困难,有的人能够无疏漏地做分析,找到完美的补救办法?

〇为什么有的人可以站得更高、看得更远,找到更好的发展方向?

〇为什么有的人会计较当下得失,有的人会考虑长远收益,一笑而过?

站得高看得远的人,视野更大。宽广的视野在职场上是非常称手的工具。不过,视野一词在心理学上没有相关定义。为了便于讨论,我选用通俗一点的解释:**视野指一个人对世界、社会、人生的认知和理解的广度和深度。**

也就是说,视野是第二章提及的责任感和判断力的结合。能承担更多的责任,做出准确决断的人,视野更为广阔。

视野的大小和深度与一个人的**学识、经验、社会背景、人际关系**等因素有关。这几个因素似乎只有学识和经验能靠自己努力而习得。我们对学识和经验也有滤镜,在工作上碰到困难,会向自己信任的领导或者前辈请教,因为我们默认,经历过更多事情的人会有更多的经验可以分享。

然而，老资历也没那么可靠。

我们肯定碰到过这样的人，岁数不小，经历也丰富，但是视野依然狭窄。或者反过来，年纪轻轻，经历不算很丰富，然而视野宽广，思虑深远。

当我们的视野变大，我们就不会执着于自己在当下的得失，而是会看到其他人的存在，把其他人的感受和可能性纳入自己的评估系统当中，帮助自己做出更准确的判断。

在实际工作中，我观察到，**共情能力强的人在拓宽视野这件事情上有得天独厚的优势**。

## 共情是提升视野的捷径

大家都知道盲人摸象的故事。

一群盲人一起摸一头大象，每一位盲人摸到的是大象的不同部位。摸到象腿的盲人说，大象长得像柱子，摸到象耳朵的说，大象长得像扇子，摸到大象鼻子的说，大象长得像蛇。

一个人的视野也一样，往往受限于力所能及接触到的信息和经验。不同的人接触到的信息、经验都不一样，想拥有更广阔的视野，最简便的办法是接收其他人的信息和吸取他人的经验。

我常用的一个说法是，脱掉自己的鞋子，尝试走一走别人的路。

"鞋子"就是我们固着于自己的过往经验，"我认为能接受""我觉得这样做没问题""我能行，所以别人也应该能行"，都是从自己的感受、经验和认知出发，不考虑其他的可能性。

脱掉自己的鞋子，放下执念，然后赤脚走一走别人的路，看看是舒适的地毯，还是柔软的细沙，抑或是坚硬的岩石。

共情别人，体会他人的处境，才有可能理解那些自己没有体验过的经历，看到除自己以外的可能性。

**看到更多的可能性，就能拓宽视野。**

如果盲人摸象的几位盲人拥有很好的共情能力，那么他们不会认为自己得到的才是唯一的正确答案，故事会变成这样：

摸到大象腿的盲人意识到几个人的答案都不一样，于是决定问一下另外两位朋友，为什么我们每个人的看法差别那么大呢？

三个人意识到每个人摸到的大象不一样，原因可能是每个人都只了解了大象的局部。于是他们决定综合三个人的见识，听听其他两位所处的位置，自己也主动多走几步，把这些理解综合起来，再去判断大象的样子。

这是一个小范围的共情。

我发现一些心理学老师和一些具有市场洞察力的商人存在一个共通点，可以共情某类人群的细腻、具体的情绪、情感，并由此理解背后的内在情感逻辑。

商人会更进一步：有了这样的内在情感逻辑后，人们将来会在情绪的驱使之下，有怎样的行为。

比如，好几年无法旅游，假期会出现报复性消费，就是非常典型的用共情去做推断。

脱掉自己的"鞋子"，体验一下别人走过的路，会有意想不到的收获。

仔细想想，每个人的感受、经历和认知，都是实打实用时间熬出来的。我们通过共情这么一个小捷径，就拥有了其他人的经历，获得各种视角，还真是划算。

要注意分辨的是，共情能力强的人不一定视野广阔。如果缺乏责任心，不想担负过多的责任，那么在乎的会是眼前的一亩三分田，适合过日子，不适合领军。

## 放下执念才能看到别人

想通过共情拓宽视野，需要放下执念。

执念是一种心理状态，需要较强的觉察能力去识别。我们会忍不住执着于一些事，无法舍弃，而这种执念会带来各种负面情绪，让人难以冷静、客观地看待人、事、物。

刚才我们已经讨论过，越能够共情他人，看到的可能性越多，视野越宽广。如果手握执念，我们的眼里很难容得下别人。

正如刚才盲人摸象的故事。坚称自己才是对的就是一种执念，其本质是无法面对"我可能是错"的这件事。承认自己错了就会受伤，为了保护自己，必须执着于让自己站在正确的位置，才能感觉安全，才能得到别人的尊重。

类似的做法在职场上比比皆是。

在第三章提及的正面冲突和隐形攻击，时常深陷情绪中，发起攻击的人有很强的执念，执念不一定跟工作内容有关，然而自己必须赢，没有办法做到既看见自己也看见别人，也没有能力找到双方合作的办法。

比如，阿猫碰到一个特别针对她的同事，阿猫纳闷，平时也没什么交集，其他同事对自己评价也可以，这个同事为什么特别针对她呢？有一次，二人参加了同一个项目组，麻烦来了。阿猫一说话，这位同事就变成"杠精"，毫不讲理，老是挑刺。阿猫持续被针对，也怒了，于是提醒同事，工作还是就事论事。这话一出，同事破口大骂："你算什么东西！你说的那些话蠢得要死！我教你做人还不知感恩！"情绪非常激动，阿猫和其他在场同事都被吓到了，幸好领导和人事及时介入才稳住同事的情绪。然而，项目也因此停滞了一段时间，影响了公司的整体计划。

后来，阿猫才知道，这位同事在小时候曾经被自己的母亲虐打，很痛恨自己的母亲，然而母亲已经去世，同事无法"复仇"。阿猫跟这位同事的母亲来自同一个地方，说话有相似的口音，再加上阿猫是女性，这些因素加起来，这位同事每一次看到阿猫，都会把对母亲的恨投射到阿猫身上，忍不住攻击阿猫。

这份报复母亲的恨意，正是执念。这位同事活在执念的阴影之下，至于阿猫是怎样的一个人，他看不见，也不在乎。更不要说项目组里其他同事的感受、项目的进度以及公司因为拖延而造成的损失了。最后，这位同事无法适应职场上的社交，辞职了。

值得一提的是，这个故事里的阿猫，课题分离做得非常好，很清楚同事的敌意与自己无关，没有轻易改变自我认同，在触达自己底线时，冷静提出要求。至于对方做了什么，如何回应，都没有影响到阿猫的自尊、自信和自爱。

# 用"一碗水端平"汇聚他人善意

看到这里,不难发现这本书没有提及过鉴别坏人、远离坏人,也不谈反击坏人。

复仇带来的快感源于释放攻击性,这是一种原始需求。然而工作只是我们人生的一部分,为了快感去回应他人的恶意,会显得自己的时间和精力很廉价。

我们可以释放攻击性,比如第三章第三节的正向聊天法,第六节的得体拒绝。然而我们没必要让坏人控制我们的情绪。工作已经这么累了,如果还分神去跟恶人纠缠,那要么降低工作效率、延长工作时间,人变得更累,要么被情绪奴役,不够理性,导致判断力下降。自身实力变弱,岂不是正中恶人下怀?即便机会来了,也可能拱手让人。

复仇的性价比太低了,我们干点正事:**看到他人的善意**。

这里的"他人"没有特定的条件,可以坏、可以好,只要想到这个人的时候不那么反感,即使是自己不认同的人,都适用。

阿猫时不时会被一个同事调侃,然而阿猫没有生气,她了解到这个同事的父母说话很刻薄,同事从小被贬损着长大,没学过怎样好好说话。虽然同事对领导很有礼貌,但是阿猫并不计较这一点差别待遇。毕竟别人的问题是别人父母造成的,要改也是别人父母的事。而且这位同事只是嘴巴不饶人，工作上从不怠慢，每次对接都仔仔细细，帮阿猫减少了很多工作量。

**处处是不完美的普通人。**不求身边的人拿100分，只要在及格线以上，不妨多看看别人得分之处，把更多的注意力放在挖掘对方的善意和优点上，不论是上司还是下属、平级，甲方或者乙方。

有的人在某一件事情上搞破坏，或者在情绪上对别人带来伤害，属于通常意义上的坏人。我们不会把这类人纳入社会支持系统中，然而在工作中，这些人有可能在某些时候发挥用处，成为我们工作的助力。我称之为**职场资源备胎**。

社会支持系统是我们自我保护的第一道防线，"备胎"是第二道，一起组成"职场药箱"，有病治病，无病心安。

听起来有一点自欺欺人，但是用善意看待他人会带来非常多的好处。

首先，我们要承认人的复杂性。对我们坏的人，可能也有利于我们的一面，那么我们生起的恨会大幅度减少。至于能否匹配上他人的善意，要看我们的社交能力了。当我们接纳了人的复杂性，看待自己的缺点也会更宽容，能减少内心"审判官"的批判。

其次，在正常情况下，职场上的争论或者矛盾通常是为了某件事情。人身攻击不是讲出真相、披露弱点，而是为达目的不择手段。

我们理解了职场上最基础的游戏规则，就可以带着善意去理解别人的言行了。比如第三章提及的正面攻击，当我们带着善意给出回应，就可以促进双方的沟通和理解，吵完后也能正常相处。

最后，主动从善意的角度去理解别人，可以减少自己的负面情绪和精神压力。回想前面的章节，不论上文中阿猫和阿狗之间的矛盾，还是上下级之间的一些争执，都因双方对同一事件理解的不同，也因双方立场的不同。如果我们相信大部分人不是恶魔，都存有善意，那么我们所感受到的攻击性就会大幅度减少，内心生起的恨也会减少，内耗也就随之减少了。

要注意的是，用善意去理解别人是一种心态，不是放下防御，不是自我洗脑，也不是做事手法。职场上的竞争，该争的时候还得全力争。

## 为什么不敢保有善意

以我观物，想看到别人的善意，要先从自己的内心出发。

人之初，性本恶还是性本善？

我认为，还是性本善。

《自私的基因》一书中提出，我们人类就是自私的生物，所做的一切都是为了生存。《社会性动物》一书中又提出，人是社会动物，每个人都难以脱离他人和社会存在。不同的心理学流派在理论和临床中表明，跟他人产生联结是一项生存本能。

总结下来，我们人类确实很自私，然而自私不等于孤立，与人相处也是本能之一。作为群居动物，人类能群居好几千年的最主要原因就是与人为善。

仔细想想，不善良的族群会纵容恶，不会制定法律，也不会"发明"道德，更不会讨论善恶。

同样的答案在《人类的善意》中也能找到。

那么，为什么我们倾向于不带善意地处事呢？因为这是我们正常的防御本能。

童年成长、社会捶打，我们不断与世界较劲，学习到了一套安全的生存方法，警告自己不要过分乐观，时时注意有哪些危险信号，让自己趋吉避凶。想象灾难性后果是一种正常的防御机制，确实能够趋吉避凶。

西游取经路上，唐僧就常常因为过于善良导致自己身陷险境，等着徒弟们来救。

这些故事仿佛路口的红绿灯，提醒着世人注意安全。与故事发挥着同样功能的是新媒体上的各种信息，只有足够脱离常规、骇人听闻、激起情绪的事件，才"值得"被传播。

我们仿佛沙漠上的狐獴，口口相传"危险来了！"，然后快速躲到防御的后面。这个防御，就是"不带善意地处事"，自己先表现出凶猛，就能保护好自己了。

如果保有善意，则要求我们违背防御本能，硬是从和人的冲突当中提炼出好的信息。

这多少有些反人性。

然而，所有故事和信息仅代表世界的一个切面，形成信息茧房，并非立体全面。

很多人没注意到的是，同事之间能够友好沟通，互不侵犯边界，这种边界感比如点头之交，是善意；地铁上看到别人走过，收起双脚不绊倒别人，也是善意。

不防御不行，过度防御也不对，保持善意，重在把握尺度。不是讨好别人，也不是天真地认为世界是童话，而是**带有安全感的、不以审判官态度地看待别人**的行为。

当我们不害怕受伤，不惧怕他人，允许别人拥有多样性的时候，我们的心态会趋于平和，有了一视同仁对待他人的能力。

想想孙悟空，那么顽劣也不会偏执地认为所有神仙都是来添堵的，他能在相处中看懂对方。土地公好说话、能提供信息、乐于助猴，孙悟空待他就不错。

## 迈出善意第一步

谈到这里,我们又可以"抄作业"了。在现实生活中,我们可以观察"和事佬"的做事风格。

在抄作业之前,我们先分清楚和事佬、老好人和精神控制者这三者的区别。

老好人好分辨,什么事情都不愿意出头,自己的利益受损也忍气吞声,很爱说"算了算了""不计较那么多"。

精神控制者善于伪装,会慷他人之慨,除他以外的所有人都是垫脚石,会被他踩在脚下,把他垫高。精神控制者会和稀泥,劝别人"算了算了",就算不利己也要损人。

和事佬跟这两者有非常大的区别。产生矛盾的双方在和事佬的调解下,都能感觉到被理解、被承认、被尊重,自己的难处得到了体谅,不会觉得自己被指责无理取闹。双方会觉得在和事佬的介入后,矛盾变成可解决的了,对方也没么面目可憎,都是一些小事和误解才导致冲突的发生。

和事佬的善意传递给了矛盾的双方,最终导向协作一致的结果。有时候,和事佬会给人一种格局大的感觉。结合上一节,我们会发现,不一定是话说得多漂亮,而是共情的力量。

我们试试从心理学的角度来"抄"一下和事佬的"作业"。**看到他人的善意要做到四步:倾听、观察、理解、自我反思。**

第一,倾听。倾听有别于我们日常说的听别人说话。倾听他人时,我们不去批判,并且尽可能地将注意力和关注点放在对方身上。别人说话时,把时间交给对方,不要强行打断,更不要滔滔不绝地讲自己的故事。

好的倾听能感知到别人的善意和友好。

比如阿猫被上司邀请，跟其家人一起吃饭。如果不带善意去看待这件事，会认为上司别有用心，是不是要潜规则下属，进而觉得上司不是好人，讨厌上司。如果抱有善意，会停下这样的猜忌，听听上司怎么说，再决定要不要去。

第二，观察。肢体动作和面部表情，是语言表达之外的信息，能帮助我们理解别人的意图和感受。

同样的话，为什么有的人说出来会阴阳怪气呢？区别就在于语言表达之外的这些信息。

观察可以得到语言之外的真相。有一次，我跟别人当面对接，但是对方非常冷漠，一问三不答。时间本来就紧张，这么拖慢进度太让人着急了。然而我注意到，对方没有靠在椅背上，坐得很僵硬，一直低着头，皱着眉，眼睛盯着桌子，整个人一动不动。这不是工作中常见的肢体语言和面部表情。

我想知道是什么原因导致对接情绪不佳，问了一句：你还好吗？是哪里不舒服吗？

话音刚落，对方的眼泪突然连珠落，放声大哭了起来。

原来，多年好友出了意外，对方却被困在工作中，无法陪伴，担心、懊恼、痛苦，各种感觉都压在了身上，无法负荷。最终变成了我看到的肢体语言和面部表情。

第三，理解。理解别人的处境非常重要。别人如何对待我们，有可能受到其际遇、所受教育、心理状况等原因影响，没有办法做到让我们满意。当我们理解了别人处境的多样性，就能明白对方的态度和我们做了什么没有关系，和对方是否喜欢我们也没有关系。

这时候，给予对方一些体谅，等待对方平和下来，就是我们的善意。

自我反思是最后一项，我们没有那么多的事情需要自我反思，然而保持这个习惯会帮助自己进步。

万一我们误解了别人,或者没有充分理解别人的处境而过度揣测,当我们意识到自己的偏见和误解时,再去反思也不迟。自我反思可以帮助我们觉察到自己的思考惯性,比如,常常认为别人要来占便宜,或者总觉得别人对自己有好感。觉察自己的思维模式,才有可能改进模式,持续成长。

有的人给我们的感觉是成熟而不世故,这正是因为他们保有善意,穿梭于世俗,依然看到他人的真心真情。

# 缓解焦虑，恰到好处的日程安排

第一章提到了焦虑。焦虑的产生是因为对未来感到担心和紧张，进一步来说是对未来失去了掌控感，总觉得如果现在不做点什么，那么未来发生的事情自己就会无法应对。

持续为自己的未来感到焦虑，认为自己的未来会失控，这种失控感会逼迫我们在当下付出过多的努力。怎样算过多的努力呢？影响到生活，伤害到身体和心理健康，破坏我们和家人的关系，工作和生活失去了平衡，这些努力就过多了。

非病理性的焦虑可以通过调节工作和生活，来得到缓解。

首先是**降低期待**。持续为自己的未来感到焦虑，根源是对未来的自己提了一个过高的要求。不妨降低对自己的要求，接受自己只是一个普通的成年人。

○ "我做不到不等于我很差劲。"

○ "我已经尽力了，不需要再苛责自己。"

首先，尝试接受自己的"不好"，持续锻炼一段时间，然后可能感觉到自己发生了一些改变。

其次，焦虑来源于对未来的失控感，那么我们可以重拾**对未来的掌控感**。

重拾掌控感需要转变我们看待工作的态度，把"我被工作推着走"转变为"我能控制工作按照我的要求来",成为自己的工作的主人。

常见的疑问是,我不是老板,怎么可能成为自己的工作的主人呢?而且很多事情不是我能决定的,得等别人决定。

我们要改变的是看待工作的态度,而不是改变工作内容,从内心相信,自己的生活可以由自己来规划,是改变的第一步。

## 恰到好处的日程安排

恰到好处的日程安排对于缓解工作焦虑有非常大的帮助。听起来很奇怪,工作已经有很多安排了,再给自己做一个日常安排,不是更有压力了吗?

首先,和工作的安排不一样的是,**恰到好处的日程安排重视自己的人性需求。**

这个日程安排的重点是"恰到好处",是能让自己身心健康、心态平和的日程安排。

一般工作安排是这样的:

起床→工作→休息→看看剩多少时间去运动→太晚了,还是躺下吧。

恰到好处的日程安排是:

工作50分钟→休息10分钟,走一走→重复到下班→回家路上听歌→做饭和家人吃饭1小时→运动30分钟→看电视剧放松1小时→洗漱30分钟。

恰到好处的日程安排把我们的人性的需求,比如家人的陪伴、身体健康、娱乐休息,像工作任务一样放到了日程当中,工作不是唯一的中心,而是像刷牙和吃饭一样,组成了我们的日常生活。

看见那些被忽略的"生活小事",看见自己每天完成了多少重要的事情。

○ "我听歌了,我宠爱了我自己。"

○ "我看了电视剧,让自己享受了快乐。"

○ "刷牙洗澡,我让自己保持在最好的状态。"

**像重视工作一样重视每一天的生活,照顾自己,就是成为工作的主人。**

这样的日程安排可以增强我们对于工作和生活的掌控感。焦虑不会彻底消失,不过随着掌控感的增加,焦虑会相对减少,日子会好过一些。

其次,**持续完成任务是情绪对冲,降低工作带来的情绪消耗。**

工作上的情绪消耗有相当一部分来源于**延迟满足**。

我们付出了努力,投入了心血,但是工作没有立即给出正面反馈。一个项目可能需要半年,甚至是三年,才会得到一个结果,或者我们非常努力地工作,领导要一年后才认同我们的努力。

延迟满足是一种自我控制能力,自我控制意味着压抑本能,本能需要即时满足。当我们持续做压抑本能的事情的时候,就会付出大量的情绪劳动。

网友常常调侃,发疯的人过得更自在。其实这个发疯就是不压抑,即时满足自己想表达情绪的这一需求。

既然工作当中的延迟满足带来了压力,那我们可以用日程安排的形式,给自己腾挪出即时满足的空间。

上面的日程安排当中,离开工作以后,我们主动完成与工作无关的任务,以获得即时满足。比如,和家人吃饭一个小时,我们把这当作一个任务重视起来,吃完了,在任务栏上打个钩,肯定自己完成任务的能力。

一开始会觉得很荒谬，一边打钩一边自嘲，这糊弄谁呢？吃个饭刷个牙都值得记录？

很多我们习以为常的小事，对另一些人，比如残障人士、重症患者、贫困人群等弱势群体来说，是奢侈。只有我们郑重地把这些"小事"提出来，去重视，我们才会意识到，能完成这些事情的自己有多了不起。

获得感是一种积极的情绪体验，当我们在工作中持续感受到了焦虑、紧张等情绪的时候，不妨**在其他地方做情绪对冲，满足自己**。

当获得感不断叠加，我们会感受到对自己的生活和未来拥有控制权，会相信自己是生活和工作的主人，有能力安排自己的事情。

## 真正的"躺平"

我们已经学会把休息这件事放到日程当中。但是，很多人并没有做到真正的"休息"。

阿猫是两个孩子的母亲，她跟我抱怨放假比上班还累。她问我，为什么我休息了反而更累呢？

因为阿猫的休息是假的。放假的时候，她要给一家四口安排所有的活动和行程，每一次都会整理出一张Excel表格。

这哪里是放假，明明是从策划到执行一个项目，利用假期加班。虽然阿猫度过了假期，但是并没有休息。

**真正的休息是自我关怀。**

这个概念在前面的章节也有提及。心理学中的自我关怀是指个体对自己的身心进行关注、照顾和爱护，以满足自己的需求和提高自我价值。换句话来说，不管别人想要什么，毫不愧疚地优先满足自己。

听起来很自私是不是？这就对了。

**最疼爱自己的人，是自己**。我们要担起这一重任，不能傻傻地等着别人来疼爱。

比较好执行的自我关怀的方式有四种：**深呼吸、正念冥想、发呆、社交**。

○深呼吸

找一个安静的地方，用自己舒适的方式坐下，闭上眼睛，深呼吸几次。呼气时尽量放松身体，去感受这份放松和舒适感。

○冥想

冥想和深呼吸有相似的部分，在安静地方坐下，闭眼。不一样的是，冥想时，我们要专注于呼吸或某个特定的感觉，比如，"此刻，我把眉头舒展开""我感觉到了肩膀的紧张，把肩膀放松下来"，也可以是一种想象，比如，"我会瘦""坚持运动是一件美好的事"。

冥想可能听起来很奇怪，然而最近几年，神经科学等领域都有研究表明，冥想可以有效改善生物标记物的水平，如皮质醇、脑电活动等，从而改善身心健康。

○发呆

放空大脑是解压的重要方法。闭目养神，放松身体，什么都不想，让大脑像电脑一样"重启"一下。

深呼吸、冥想、发呆，似乎很奢侈，实际上五六分钟就能奏效。

○社交

不论外向还是内向，我们人类都需要社交，区别在于社交密度和方式而已。和友善的人倾诉，听听别人讲故事，当我们触达人的纯真、美好的部分，焦躁的情绪会得到安抚，感觉到被支持和理解。

与咨询师的交流，跟咨询师建立关系，也可归为社交的一种。

找心理咨询师，不一定是为了"治病"，我们可以直接跟心理咨询师讲清我们期待的咨访关系是什么样的，通常我们在工作中产生的焦虑可以在这里得到安抚。有的咨询师会拒绝,有的咨询师会答应,这都不妨碍我们向咨询师直接提出要求。多见几位咨询师,就会碰到契合的了。

## 实现与工作无关的目标

休息好后,我们要做一些情绪对冲的事情。

工作损耗了那么多,我们不能持续损耗,得在其他地方找补回来。

环境也是焦虑的其中一个因素,如果我们转变场景,那么从焦虑中跳出来会相对容易些。所以,要主动去做跟工作无关的活动,在体验的层面"剥离"出工作。

这些活动不需要任何成果,做了就行。

常见的非功利性活动有四种:**运动、艺术、玩乐、做家务和做饭**。

○ 运动

适度的运动有益身心。很多人误以为,运动只是利于健康,实际上,运动会帮助大脑分泌神经递质和激素,有效减少焦虑和抑郁。

有的人喜欢运动后肌肉的酸痛感,有的人喜欢瑜伽带来的安宁,而有的人会追求跑完马拉松以后那种脱力感。不论是哪一种感觉,动起来就有益身心。

需要注意的是,运动不能消除体力上的疲惫感。当工作时间太长、身心疲惫的时候,运动反而会透支健康,充足睡觉才是最重要。

○ 艺术

艺术没有门槛,画画、唱歌、写作、戏剧、插花都能参与。我们作为普通人去"搞艺术",不需要有什么心理负担。我参加过一些艺术疗愈小组，比如曼陀罗或者沙盘。大家画画主要是表达自己的内心，而并不是在画画技巧上面比出一个高低。

即便不去参加艺术疗愈的小组。拿出一张纸、一支笔，或者直接用手指在手机画图软件上。画出一幅画，画出自己的心情，也有益于我们释放负面情绪。所以我们在参加艺术活动的时候，要放松身心，大胆发泄自己的情绪。

比如，我今天不开心，脑海中想到的画面是大海上的孤舟。拿起一支笔，随心画下来。如果今天喜欢这温柔的阳光，想写一首诗，那就写在手机备忘录里。

有时候，我们会看到有的人在朋友圈里分享自己的感想，这也是一种艺术创作，直抒情意。

○玩乐

公司安排团建有时候也是因为玩乐可以放松心情。然而人还是那群人，环境不变，放松的效果不好。

离开工作的环境，我们回到自己的生活中，打游戏、开盲盒、玩桌游等，既能缓解压力，还能获得成就感。

○做家务和做饭

对大部分人来说，做家务和做饭是增加压力。但是对某些人来说，把家里收拾得干干净净，让物品归位，做出可口的饭菜，都能收获成就感。因为规整物品能满足人的控制欲。而经过自己的努力，做出可口的饭菜，能让人收获成就感。

我们只要参与了非功利性活动，就已经完成了日程安排里的"任务"。"任务"带来的获得感、成就感，会随着种类的增多而增多，也就是说，多尝试不同的活动，会比长时间只做一件事要更好。

因此，我们在制定日程安排的时候，可以设定时间短但丰富的内容，那么，日程安排就可以对冲工作造成的情绪内耗。

## 灵活应变的小TIPS

有的人会疑惑，日程安排让自己开心没用，人在江湖身不由己，开会、出差都没法按照自己的计划去放松，怎么办？

我们依然用情绪对冲的思维，做张弛有度的日程安排。比如，连着开了三天的会，第四天空出一个小时发呆。欠下的快乐，之后补上，也能起到缓解情绪的作用。

# 社交增值，编织你的高质量关系网

这一节及下一节会讨论非常重要的心理学概念：社会支持系统。

心理学中的社会支持系统是指一个人可以获得的各种形式的帮助、支持和关怀的网络，包括家庭成员、亲戚、朋友、同事、社区组织等。

社会支持系统既是我们上升时的攀山拐杖，也是我们跌落时的安全网，可以增强自尊心和自信心、提高生活质量，也可以减轻压力、缓解焦虑、减少抑郁情绪。

社会支持系统可以提供五个方面的支持：物质支持、信息支持、社会参与支持、情感支持、自我认同支持。

世俗意义上的"关系网"可以对应心理学当中社会支持系统的部分功能。

我们已经了解过，社会支持系统可以给我们提供物质和精神支持。职场中的关系网比较功利，主要是以**物质支持**、**信息支持**、**社会参与支持**为主。

物质支持是指涨工资、多发福利、跳槽、升职、打折的内购价等，看得见、摸得着，跟钱有关系的事情。信息支持是指晋升的信息、赚钱的机会、跟老板说话的忌讳等，看不见但提供方便或规避风险的信息。社会参与支持是指介绍新朋友、认识重要人物、参与活动、拓展交际圈等，与人有关的活动。

这一节和下一节对社会支持系统做了更明确的功能划分。这一节是从相对物质的角度去考虑。下一节将会涉及情感支持、自我认同支持。

## 怎样算高质量关系网

高质量关系网是第三章提及的建立信任之后，更深层次的关系。

常见的一个误区是，向上攀附关系，认识厉害的人，才是高质量的关系网。然而，这个想法有一个很大的逻辑谬误。向上攀附关系可以获得好处，那身处高位的人向下结交，能获得什么？两个世界的人如何产生信任？没有信任，双方如何出现依赖和互助呢？

正是因为这样的误解，有的人变成溜须拍马、媚上欺下的小人，眼界就窄了。

工作中认识的合作方，一旦离开岗位就再也不联系，这样的关系只是普通的职场合作关系，不属于关系网。

拥有高质量关系的双方，不会因为工作的变动或者换城市而断联。无论工作、城市怎么换，双方依然会交流一下最新的行业变化，讨论一下赚钱的新方向，频率可能很低，半年聊一次，然而交流的信息很重要。这类都属于高质量的关系网。

还有一种高质量的关系是双方沟通不多，但是认为对方亲切、可信任，想合作的时候会突然冒出来，过问一下，打听打听。这也属于高质量的关系网。

高质量关系网不一定特别亲密，也不涉及陪伴，而是**双方达成默契，彼此信任，有相近的工作目标，一旦出现合作机会，双方能够在付出低沟通成本的前提之下，一起实现目标。**

简单来说，**高质量关系网是给工作带来增益的关系网**。

常跟同行交流，参加兴趣活动，去见不同行业的同学、朋友，可以拓展自己的关系网。认识的人多了，才能筛选出能形成高质量关系的人。

有人问我，我不像你那么外向，去哪里认识人呢？

行业大会和行业培训是建立关系网的开端。不用去评价这些大会和培训质量如何，我们没有点评的责任，能不能通过社会活动结识志同道合的人，对我们来说才是最重要的。

关系网中的人都是我们**未来合作的候选人**，不看候选人身份的高低，看以下三点：

1. **互相信任**。可以开展安全的合作，自己的利益不会人为受损。

2. **有合作的可能性**。有些人聊得很好，但合作没戏，适合做朋友，成为社会支持系统，不属于高质量关系网。

3. **较低的沟通成本**。效率即成本，高效沟通才能提高效率，降低成本。

如果把自己当作一家公司来分析，高质量关系网相当于公司的人才库。养兵千日，用兵一时，我们囤积大量的关系，需要帮助的时候，才能从中组建一支应战的队伍。

放下对攀附关系的迷信，接着来了解一下如何建立高质量关系网。

## 关系网大抵与"我"一样

第三章第七节提到，建立信任需要真诚、真情、不评判。打开了社交的大门，接下来，如何定位能结成关系网的人呢？

我们可以有不同特质的朋友，外向的人可以有内向的朋友，广东人可以有东北朋友,然而根据社会心理学的人际吸引原则,**能相处的人必定有交集**。

影响人际吸引的因素包括熟悉性与邻近性、相似性、互补性、外貌、才能、人格品质。与工作相关的是**熟悉性与邻近性、相似性和人格品质**这三项。

——对照后,我们可以结合身边已经认识的人,判断哪些人有可能成为自己的关系网,以及从哪里入手提升双方的亲密度。

1. 熟悉性与邻近性

熟悉性和邻近性跟人的交往频率有关。邻居之间是熟悉,同学之间是邻近。

物理空间距离较近的人,见面机会多,容易熟悉,产生吸引力,彼此的心理空间就容易接近。常常见面也利于彼此了解,互相产生好感。

成语"日久生情"也是有科学依据的,所以,平时不妨和同事一起吃午饭、分享零食,都可以增加彼此交往的频率。

物理空间提供了便利,但不能操之过急。中等频率的交往,彼此的好感程度是比较高的。太低了,捂不热;太亲近了,有可能冒犯别人。

每个人对于中等频率的适度交往,定义不一样。如果自己拿不准,可以观察一下目标对象跟别人相处的方式,然后参照目标对象的方式与之相处,别人会舒适一些。

2. 相似性

这是职场上最容易找到的切入口,大家喜欢跟**有共通点**的人交往。

同学会、同乡会、爱好社团都属于相似性。甚至病友交流、同一个星座,或者一起减肥、一起点奶茶,都在这个范畴。

相似性不仅意味着因为有共同的话题容易打开话匣子，也意味着双方很可能在某些方面的生活非常类似，或者生活节奏非常相似，双方沟通起来会有种"找到自己人"的感觉。

与工作相关的活动，固然可以拉近个人的关系，但是我们无法确定对方曾经参与什么工作。所以，想增加跟别人的相似性，可以拓展自己的兴趣爱好等**非功利性活动**，包括运动、艺术、吃喝玩乐，门槛都不高。通过非功利性活动找到共同话题，难度会低很多。

这一节稍后会展开列举。

### 3. 互补性

合作伙伴尽量找**能力互补**的人。

能力相近、业务相似的人容易形成竞争关系，最好只交换信息。

能力互补，有哪些地方是交集呢？双方认为对方在某些方面能跟自己互补，这一需求相关的共识就是交集了。在需求上有交集，可以让双方都能容忍对方的不同而带来的不舒适感。

比如，外向的人不喜欢内向的人"冷漠"，内向的人不喜欢外向的人"吵闹"。如果双方达成了共识，在需求上有交集，认为对方的特长可以补充自己在工作上的不足，那么双方就可以互助互利，关系也能维持下去。

### 4. 人格品质

人格品质是影响吸引力的**最稳定的因素**，也是个体吸引力重要的因素之一。美国心理学家安德森研究了影响人际关系的人格品质，按喜爱程度排序，前六位受欢迎的人格品质分别是：真诚、诚实、理解、忠诚、真实、可信。

也就是说，招人喜欢不是靠讨好，而是得**真诚**。第三章第二节也提到，**社交面目**的首要特征就是真诚。

有的人问我，你真诚是因为有能力，心理素质也过硬，如果我在职场做到真诚，会受伤的。

自我保护是非常正常的想法，这个想法并没有错。真诚确实需要勇气。

第三章中提过课题分离，试试用课题分离来看待真诚和受伤的关系：

○真诚是我的选择，我可以真诚，也可以不真诚。

○他人如何回应我的真诚是他人的选择，他人可以珍惜我，也可以伤害我。

○自己会不会因为别人的回应而受伤是一个选择，我可以重视他人的伤害，也可以无视他人的回应。

如果通过课题分离减少了担心，固然是好事。如果暂时做不到真诚，也不用灰心。人格品质不是唯一因素，物理空间的便利、找共同话题，这些办法依然奏效。

## 带着善意与利益去社交

现在我们知道怎样跟别人拉近关系，并且进一步成为可以互相支持的高质量的关系。但是，跟人相处，具体聊些什么呢？

非常简单，**可以聊非功利性及功利性的话题。**

我把非功利性的话题排在第一位，原因是，工作当中刚好碰到有着相似经历的职场人很难。我们如果建立一段关系或者维系一段关系，选择非功利性话题会简单一些。

比如，有很多与工作无关的运动、艺术活动、玩乐活动，甚至是家务活动，这些与工作无关的爱好和活动都属于非功利性话题。除此之外，健康话题、家庭生活、娱乐八卦、电影电视剧，都是很不错的非功利性话题。

英国人为什么老爱聊天气好不好,也是这个原因。**门槛低**,开话头和接话的人的**身份不重要**,谁都能问、谁都能答。

找话题,不妨用开放式的句子。

○最近有什么有意思的电影吗?

○最近有什么有意思的活动吗?

○我听说最近拳击挺火的。

○最近看到一篇文章说要注意甲状腺健康。

**提出问题**和**分享发现**,都是给对方提供一个接话的机会。不一定是问句,分享最近的发现也能打开话题。

当我们在分享发现的时候,对方的回答要么是**已知**的,"我也这样想""我不这样想",那我们可以继续邀请,"我想听听你的想法",**邀请对方说更多**;要么回答是**未知**的,"我不太了解",那我们可以介绍这件对方未知的事情,然后**邀请对方**,"你觉得怎么样",**让对方参与到话题里来**。

通常来说,别人能听懂这是**拉近关系的聊天方式**。

我们展示了自己人性的部分以后,就可以适当地谈一谈功利性的话题。一般来说,除非是正式的合作洽谈,维系关系的聊天,功利性话题占比不会超过一半。功利性话题怎么聊,可以参考第三章第三节当中的正向聊天法。

这些聊天的方法,可以建立一段关系,也可以延续一段关系,然而聊天不能加深交情。关系的加深得靠"事儿",双方一起经历事情,比如第三章所说的帮助与求助,还有一起成功,一起失败。

从心理学的角度来看,**共同经历会让人变得亲近**。

"他乡遇故知"会产生情感联结,共事者还会共享相同的社会认同感,相互体谅、共情、支持。

我还在新闻行业工作的时候,碰到曾经一起报道某个大新闻事件的记者和主编，会感到格外的亲切。我们的回忆跟新闻内容无关，而往往是"那天的盒饭不好吃""当时的天气挺不错""某位同行当时说了一个笑话"这些看似无关痛痒，但只有亲历者才能回忆起来的感受，这些感受会让亲历者之间变得亲近。

"我懂你""找到自己人"的感觉让人感觉被理解，自己的经历被人见证了，正是相似性。

## 小结

高质量的关系网没有那么遥不可及，也不是向上攀附，而是在正常的社交当中结识与自己相似的人，互相之间建立信任。有事情的时候，互相给予力所能及的帮助，时不时信息互通，这就是非常不错的社会支持。

# 组建专属的"正反馈"供应商

## 把自己当作"甲方"

在心理治疗当中,某些流派的咨询师会强调镜映的作用,帮助来访者看到真实的自己。我认为这是非常好的一个治疗方案。然而在普通人的日常工作里,工作会带来挫折,人际关系也会带来挫折,可能更需要正反馈。

我原本对正反馈的效用持怀疑的态度,夸人有那么大作用吗?直到我看了一档日本综艺节目《松子会议》里的社会实验,才相信正反馈的重要性。

节目组邀请了一个普通女孩,50天里不减肥、不整形,只改变外在的社交环境,让接触到女孩的人天天夸她,看看正反馈环境会给她带来什么变化。

女孩每天会拍一张照片,这些照片串起来能直观地看到,她的样子、气质、神态等,都变好了。在连续被夸的第31天后,女孩摘掉黑框眼镜,脸色粉扑扑的,充满活力。到了第50天,女孩眼睛里闪耀着光彩,充满了自信。

这也让我回忆起和团队相处的过程中,称赞团队的努力确实能帮助其变得自信，情绪趋于稳定，工作上也更积极主动。

第一章提到了负面情绪，有人问我，怎样在工作时情绪稳定呢？是消灭情绪吗？

书中的每一个章节，都在强调不要压抑情绪，承认自己有情绪是更健康的做法。心理学上有一个积极情绪建构理论，大致意思是，好的情绪可以通过后天建构而成。

在工作中受到了情绪上的伤害，我们可以找找**"情感创可贴"**，即正反馈。

## 识别正反馈

正反馈不是无脑夸。

辛辛苦苦完成一项工作，问朋友，怎么样？朋友眼睛都不抬一下，回了一句："挺好的，你做事我放心。"

刚开始我们可能喜欢这样的捧场，但是多听两三回，就能感受到这句夸赞背后的敷衍。对方明知道我们此时有一个被夸的需求，至于我们做了什么，却不愿意花时间去看一眼，随口说一些套路的话去满足我们被夸的需求，好让我们闭嘴。

不走心的客套话没有正反馈的作用。

正反馈是指通过**肯定性的语言**或**行为**来表达对个体行为、想法或感觉的**赞赏和肯定**。正反馈可以给个体带来愉悦感和满足感，个体会变得更加积极。

当我们听到别人夸自己的时候，听听看有没有以下四个特征：

○具体

表达出对具体的行为或者想法的肯定，比如，"这个方案做得不错，想法新颖，流程梳理得很清晰"。

○ 真诚

坦诚地表达自己的想法和感受，比如，"你对工作的专注，也激起了我的热情"。

○ 适度

不夸张也不吝啬，比如，刚才说的"方案做得不错"是适度，如果说"这个方案比老板写得还要好"就夸张了，要是说"写方案没有功劳也算有苦劳"是吝啬了。

○ 及时

给出正反馈的时候，是言行正在发生的时候。很多人会忽略及时性。以为过后再给正反馈也可以，但其实心理学家赫洛克所做的实验表明，及时给出反馈对帮助别人进步有非常明显的帮助。

我用阿猫的故事来总结一下什么是正反馈。

阿猫草拟了新项目的方案大纲，请上司帮忙看一下。上司看完后（及时），跟阿猫说："大纲写得不错（适度），想法新颖，流程梳理得很清晰（具体）。我注意到你最近为了新项目加班加点（具体），看到你对工作的专注，我也想起了年轻时候的工作劲头（真诚）。"说着，上司拍了拍阿猫的肩头，"年轻人！不错（适度）！"

如果你是阿猫，听到这样的称赞，你会有怎样的感受呢？

回想一下，有谁曾经给你提供过这样的正反馈呢？

## 谁能做正反馈"供应商"

正反馈属于社会支持系统的部分功能，为我们提供情感支持和自我认同支持。

简单地说，**愿意夸我、温柔真诚、心胸宽广**的人，很适合做正反馈"供应商"。

○ 愿意夸我

这是第一要点。如果对方人很好，跟我们的关系也很好，愿意夸人，但偏偏不愿意夸我，那么，这个人不适合做正反馈的"供应商"。

有的理论认为外向、善于沟通的人，适合提供正反馈。我在现实生活中观察到的现象略有不同。有的人不善言辞，但是在碰到自己关心的人的时候，话会变多，愿意主动鼓励对方。

所以，最重要的不是性格外向还是内向，而是这个人跟我们一对一相处的时候，是否愿意夸我们。

○ 温柔真诚

有的人有很强的亲和力，能够关注、关心别人。同时，他们的共情能力很强，能够理解我们的需求和情感，也能理解我们所需要的反馈和支持是什么，说话总能说到我们的心坎上。

○ 心胸宽广

有的人拥有较高的开放性，能够接受多样化的生活方式以及观点。我们在跟心胸宽广的人聊天的时候，不会感受到他们的批判，而且，对方还能看到我们与众不同的地方，欣赏我们的特点。

如果觉得这三个条件不好理解，也可以从自己的感受入手。

跟一个人聊天后，**感觉自己没有那么差劲，原本担心的事情也有了安稳的感觉，就算依然困难，也有了勇气去试一试；失败了也不害怕，而且相信，自己就算倒下了，也有朋友、家人可以支持自己重新站起来。**

这就是正反馈"供应商"带来的效果。

## 获益后的反馈

投我以桃，报之以李。

我们得到了滋养，变得平和、自信、勇敢，同样地，也要反哺滋养我们的人，好好感谢正反馈"供应商"。

有的人会跟我说，这样的关系太功利了，不图回报的帮助最纯粹。

但是，即便是自己的爸爸妈妈，是不是也要表达感谢，说一声"爸爸妈妈辛苦了"？

我们可以相信自己值得被爱、被尊重，这是自爱。然而，我们也要看见别人的善意，感谢别人向我们表达的善意。

这个要求不功利，是交心。

不论表达感谢的方式是什么，我们都可以主动提出，看看对方是否接受。即便对方拒绝了，我们表达感谢的举动就已经回馈了对方的善意。

**回馈善意，也是正反馈。**

近朱者赤，我们正变得跟我们喜欢的人越来越像。

# 轻松有效地索求，满足自我

中国职场上，"乖孩子"太多了。

刚入职的阿猫接到了新任务，去隔壁部门要一个技术人员来参与新项目。阿猫觉得领导安排这个任务是故意刁难，一个新人，能有多大的脸面去隔壁部门要人呢？而且应该找谁要呢？怎么开口？自己一窍不通，这事不可能办成。

新人学会索求，属于常规训练。在工作场合不愿意寻求资源，无法有效沟通，只能等别人把路都铺好，自己执行，这样的员工会增加团队其他人的工作量，仿佛一个等着别人做好饭菜、端上桌，只拿筷子吃饭的人。

阿猫在完成本分工作的时候也不愿意索求，觉得自己主动开口请教别人是很羞耻的一件事。结果，阿猫在项目中埋头苦干，偏离了客户的需求，减缓了其他同事的工作进度，最终做了很多无用功，工作效果也不如人意。其他加班加点的同事由此颇有怨言，阿猫又感觉自己卖力还被抱怨，很委屈，大家都不开心。

索求不是乞讨也不是掠夺，是礼貌地向有可能伸出援手的人获得资源。第三章第五节中讲的求助，是索求的入门技能。

而**轻松和有效的索求**，则是持续练习的进阶课程，能获取额外的资源。

索求是一种正常的依赖行为，适度的索求和依赖能够激发个体的内在动力和动机，帮助个体更好地实现自我价值和目标。

有的人在工作上能够勇往直前，从不害怕，碰到再难的事情也只是说一句"这件事情有点难，但我可以"，这是因为**通过索求和依赖，增强了自己的动力和动机**，相信自己的工作目的合理，也相信自己有能力实现。

根据耶基斯–多德森定律，中等强度的动机是最利于任务完成的，这是动机的最佳水平。

在我们不断提高工作能力的时候，不妨提高向周边人索求和依赖的强度，以此来增强自己完成任务的决心、能力和自信心。

## 所有人都是资源

几乎所有工种都要与群体产生联系。

即便是专家型人才，也需要与其他人保持联系，才能筛选出更优质的信息。比如，在哪里可以挂职，考什么证更实用，想跳槽哪里有空位。

每个人能接触到的信息量有限，如果把一个人直接接触的信息称为一份信息，那么，通过社交，从他人那里得到的二手信息会以倍数增长，见识、眼界也会随之增长。

从这个角度来说，**索求的目标与结果有关，与索求对象的属性无关**，因此，索求对象不局限在社会支持系统和善意的人，就算是陌生人、敌人、对手，只要能提供帮助，都可以成为资源。

阿狗有一次向我申请，想自己负责一个项目，但是阿狗想合作的部门，跟我们部门关系并不好，前不久还大吵了一架。阿狗问我，那我这个项目是不是不能做了？

阿狗的担心有道理，但不起决定性作用。职场上，只要没有站队或者抢资源之类的冲突，大家都会为了既得利益而放下面子去合作。我们常说的厚脸皮，在这时候会发挥作用。

经过沟通，阿狗尝试厚着脸皮，带着策划书去见合作部门的负责人，战战兢兢却也诚诚恳恳地讲了双方合作的好处。这位负责人是明白人，知道阿狗能上门来肯定是获得了部门领导的支持，从策划书里也看到了阿狗的眼光和能力，谈了十多分钟，就敲定了合作。

个体在满足需求或实现目标时，很多时候需要依赖某些外部资源或他人的帮助来实现。

当我们放下心中执念，不再简单粗暴地把其他人分成"友军""敌人"，能触达的资源自然会增多，跟别人接触时，心态也会更平和。

## "不计后果"地索求

第三章中提到，索求的难点在于害怕，这是被规训的结果，心中有"判官"。第一章提及的自我怀疑、焦虑等负面情绪，也与此有关。

中国的育儿风格是培养出听话的孩子，乖孩子才得宠，自己的事情自己完成，不要总想着麻烦别人。

然而矛盾的是，**独立完成不等于孤立完成**，很多人把索求当作一件羞耻的事情，会让人知道自己无能，会被别人看不起。这样的自我孤立是把自己放在一个难堪的境地，有些事情明明通过一两句话沟通就能解决，结果因为对方不知情、我们不敢说，导致小事化大，困难倍增。

真相是，**适度的索求和依赖**，能够让个体学会独立思考和提高解决问题的能力，也有利于提高个体的适应能力和创新能力。

现在，网上会出现一些新的声音，不断地呼吁要尊重个人意志。虽然网上和现实依然有差距，但我们可以看到一个苗头，大家不想再做听话的乖孩子了，进入了叛逆期，希望弥补青春期的独立自我，让自我的意志得到更多的舒展。

社会思潮出现了这样的方向，不妨把索求当作第一项练习。我在和团队的相处中也会感受到，"00后"比"90后""95后"更敢于张口索求，这是非常好的现象。那么，在没有学会轻松、有效的索求之前，需要大量的练习，去习惯索求这个动作，获得一些信心，以及练习如何寻找正确的索求对象，还要摸索出适合的索求表达。

自我觉醒时期得罪人、分寸把握不好，都是必经阶段，是社会化的过程，所以在向他人索求的时候，心里有些紧张，索求效果不是那么好，都是正常的。尽管理直气壮地说，不需要过分批判自己或者别人。

小马过河，也得踩到河水里才知道深浅。当练习足够充分，我们的社会化程度足够高了，就可以做到轻松而有效地索求。

## 物质和情感都可以索求

索求的标的物既可以是物质支持，也可以是精神支持。

我在和高管对谈时发现，他们不但敢于索求物质支持，也敢于索求精神支持。很多人误以为，职场上大家只会奔着利益。然而，聪明人会调用职场上的资源，让自己的心理变得更健康。面对压力和烦恼的时候，不会害怕表露自己的脆弱，能够真诚地寻求他人的帮助，去获得精神支持。

这是一种更完整的索求策略。

人生的起点大抵相同，刚生下来的婴儿都是什么都不懂。为什么有的人成长起来没有明显的短板呢？是靠父母教育吗？

离开原生家庭后的人生，成长全靠自己。有的人工作以后，意识到自己有短板，会迅速通过自己的努力和他人的帮助，把短板补长。

试一下，把自己想象成一家公司，我们是自家公司的老板，我们的短板是一项缺人手的新业务。每一次向外索求都是为新业务招人，补上短板。我们作为面试官，设想以下三个问题：

〇新业务对应聘者的要求是什么？

〇应聘者到位后，理想状态下，新业务会完成得怎么样？

〇谁能推荐符合条件的应聘者？

这三个要求就是**索求设置**了。回答三个问题，我们就知道自己索求的是什么，向谁索求，期待得到怎样的结果。

比如，阿猫不敢向隔壁部门要人，那么代入这三个问题，就会变成：

〇新业务是向隔壁部门要人，阿猫缺乏底气和勇气，那么应聘者就应该满足"底气"和"勇气"两点。

〇"底气"和"勇气"到位后，阿猫就能敢于向隔壁部门要人。

〇"底气"来自自己的业务能力、业务成绩，阿猫可以向上司请教，为什么相信自己能胜任。"勇气"可以来自上司，也可以来自家人、朋友，阿猫可以向他们寻求精神支持。

感性的事通过理性分析，找到解决办法。

适度的索求和依赖，会让个体在面对困难和挑战时获得外部的支持和帮助，减轻个体的负担和压力，有利于提高个体的心理健康水平。

## 练习索求公式

索求公式正是第三章第五节中讲的**高效表达法**，在这里复习一下三步法：

**1. 交代自己遇到的难题，完善自己的社交面目。**

讲清楚自己的情况，让对方会心里有数，**便于对方评估**能不能、想不想帮，能帮什么。

**2. 讲清求助需求，设定边界。**

不同岗位承担不同的工作任务，向单一施助者**提出一项具体需求，实施鸡蛋篮子策略**。对方提供的帮助越小，帮忙的意愿就会越高。举手之劳让你欠人情，大家都会算这笔账。

**3. 表达感激。**

求助时要表达感激。**对方愿意抽出时间耐心听我们诉苦，已经是帮忙。**

提出自己想要的，不等于强势、任性或自私，而是充分理解对方的感受和难处，坦诚地表达自己可以负担的成本是什么，最后希望对方体谅自己的贸然请求，也接受对方的拒绝。

索求这个动作可以在日常生活中从小事开始练习，比如吃饭时问服务员要吸管，买东西时主动询问能不能打折，对方是答应还是拒绝不重要，重要的是多开口，降低自己开口索求的心理门槛。

# 发展你的"+1 技能",饭碗越拿越稳

职业规划不是这本书的主题,但是我们可以聊一聊怎样让自己的职业生涯变得更顺利,减少因技术发展或业务变更导致的窘迫情景。

发展一个"+1技能",是在我们本职工作的职务范围之外,发展一个新的职业技能。只有一技之长远远不够,我们还要跟上社会进步的节奏,保持对自己职业技能的迭代。

我们在第二章第二节了解到工作动力,给自己设置一个"自恋型目标",第七节从认知和行为的角度讨论了适应性。有了目标,也学会了分析自己,那么这一节会更有针对性,是具体的个人增值,主要提供理性的方法论,心理学和感性的部分则会少一些。

首先,我们可以用**写简历的心态**看待自己的发展。

## 拆解工作技能

工作技能分两大类:**业务技能、管理技能**。

各行各业业务技能不一样,我们可以**按照标准化流程SOP**,对自己的工作内容做**细分领域**的划分,相关的上下游工种和对接岗位进行拆解、分析。

比如产品经理,工作流程大致包括前期产品设定,中期跟踪执

行，后期结果反馈。

以其中的前期产品设定为例，需要提出产品是做什么的，要做成什么样。这中包括：**对外**，做市场调研、竞品分析、场景挖掘等；**独立工作**，完成产品形态、产品规划；**对内**，跟开发、测试、设计和相关产品经理沟通需求。

对外的几项工作，独立完成的工作，都属于业务技能。而对内的沟通工作、冲突管理、压力管理，都属于管理技能。

当我们对自己的工作进行细致拆分，就可以看到自己的工作特长是什么。"+1技能"通常是工作内容没太大改变但换了一个新名字的技能，有时候是几项技能杂合在一起的混合技能。

这个时候，再加上第二章提及的人性部分的个人优势，对自己的竞争力就有全面的了解了。

管理技能的梳理，从经历和取得的成绩来考虑。

管理技能包括，**规划与统筹、决策、沟通、培训与激励、流程管理、冲突管理、压力管理**。

每一项管理技能，有相应的职业经历会更有说服力，如果有相应的成绩，那么这个技能就比较扎实了，能拿得出手。

用写简历的心态对自己的技能进行梳理，能发现那些被忽视或者习以为常的能力，为往后的发展提供参考。

## 观察与对比

就像第二章所提及的，我们看到自己有这样的特点，但这个特点是不是优势、有没有竞争力，需要竞品评估，观察一下别人在使用同样的技能时做得如何。

这个时候，我们可以向关系网求助。网上搜索的信息大多模糊，数据也不准确，而且不一定匹配到每一个人的具体情况。关系网技能给我们提供信息支持、物质支持等理性、功利的支持，也可以帮助我们对自己所处的行业、所在的公司、身处的岗位以及自身的能力高低，有一个相对客观的判断。

**竞聘上岗和跳槽**，是最常见的需要关系网帮助的节点。

竞聘上岗需要了解以下信息：

○我竞聘的这个岗位对手都有谁？

○他们的技能是什么？

○哪一位领导可以拍板？

○我能不能影响领导的选择？

○我的胜算有多少？

○我的不足是什么？

○我怎样补齐不足？

○如果没有竞聘成功，下一次机会是什么时候？

○成功或者失败会不会影响我的工作和职场人际关系？

跳槽需要了解以下信息：

○如何得知哪些公司有适合我的岗位？

○我的个人喜好和身体状况适合那个岗位吗？

○我的个人性格和那家公司的企业文化匹配吗？

○我的薪资要求放在市面上算是合理的吗？

○如果我想应聘某一家公司的某一个岗位需要具备怎样的才能？

○我是参与社招还是找人内部推荐？

○想去的那家公司经营状况有没有问题？

○我所负责的业务线有没有前途？

○我所汇报的那位上司好相处吗？

○面试有多少轮？分别需要准备些什么呢？

我们既要像HR那样，对自己做评估，也要像产品经理一样，在前期进行市场调研和竞品分析，两相结合再做判断和决定。

## 提高适应性

如果在观察和对比之后，发现自己并不是特别出色，甚至自己的技能正在被淘汰，怎么办呢？当然是跟上潮流。了解清楚哪些技能正在被淘汰、哪些技能正在迭代，然后把精力放在学习那些还能迭代的技能上面。

这里所说的学习，除了参加行业培训和学习相关课程**提高业务水平**外，还包括及时**吸纳行业信息、最新的技术动向**，获得这些信息也是"+1技能"。

机会留给有准备的人。随着资历的增加，公司会期待懂新技术的管理人才的出现。懂得新技术、新技能，老管理者可以坐稳自己的位置，如果是上进的基层，懂得这些则拥有了升职的机会。

比如，AI很火，可以大幅度提高生产效率，降低生产力成本。阿猫的工作是新媒体运营，她不需要学会编程做接口配置，只需要知道通过怎样的方式可以提高生产效率，就可以把这些方式变成需求，然后将需求外包，帮助公司降低成本。

与此同时，毫不知情的同事阿狗，很可能被淘汰，原本的工作被外包代替。

未雨绸缪不是一件容易的事，相当于工作时间翻倍。所以我一直向团队成员强调**做好日程安排，给自己的进步和创造力腾挪出足够的空余时间**。毕竟想提升技能，也得有时间参加培训或者学习才行。

时间上没有余量，也是降低了自己的应变能力，遇到问题的时候就不好解决了。

# 发现自我日记

# 自我价值

欧小宅 著

**21天
内在自信
练习册**

台海出版社

# 发现自我价值日记

欧小宅 著

21天
内在自信
练习册

台海出版社

本书第一章,详细阐述了看见自己的情绪背后的内心需求,满足这些需求后,你可以更好地发挥自我价值。

越了解自己的情绪,越能成为情绪的主人,理性才有机会参与到思考活动当中。

本书旨在帮助你发现自己的价值,而情绪常常会蒙蔽双眼,让我们沉浸在情绪旋涡中。因此,我为你准备了三周的练习,情绪觉察和相处办法会放在第一周、第二周。希望通过 21 天的觉察与思考,你可以活出创造价值的好状态。

(情绪觉察) 了解自己的情绪,了解自己的内心需求
↓
(与情绪相处) 管理情绪,把情绪特质变成优势
↓
(自我肯定) 提升稳定力,提高自我价值

# 情绪觉察一周记录

● 今天的情绪,名字叫什么?

给情绪起名字是情绪管理的第一步。在接下来的自我对话中,用这个称呼来跟情绪"聊聊天"。

● 现在,告诉这位"情绪",今天发生了什么事导致它出现了?

具体是哪件事还是哪些人,或者是某个场景,触发了情绪?描述一下。

举例:我这么讨厌同事××是因为××人品不行,老拍领导马屁。

我认为××的做法不对,是因为我认为脚踏实地工作才是正确的。

● 情绪的因果关系是怎样的?

情绪的因果关系是一个基本的心理学理论,情绪是由生理反应和认知因素共同作用而引起。我们已经知道是"人""事情""场景"等某一项,触发了情绪。触发项中,哪些因素引起了大脑内部的生理和心理反应,从而引发某种情绪,可以由自己来梳理。

如果没有头绪,可以用找原因的方式向自己提问。

● 我可以用哪些方式宣泄情绪?

这是情绪管理中重要的一环。看到情绪、理解情绪后,依然可以宣泄,而不是压抑。

举例:跟朋友××一起聊天,冥想,等等。

我会变得不那么在意同事××,我会意识到还有很多别的事情可以做。

● 想象一下，宣泄情绪带来怎样的变化？

举例：我不能教××做人，是因为我不是××的父母，我没有教育的资格。我改变不了别人，但我可以不要总惦记，可以少想一点。

|  |
|---|
|  |

● 我想改变的是这种情绪？是别人？还是我的处境？

举例：心情变好，没那么烦躁。

|  |
|---|
|  |

● 改变发生后,能满足我什么需求?

● 一周过去了,我想对当时的自己说些什么?

这里我们可以在一周后再来回答。经过一个星期的尝试,原本触发情绪的事情,回头看看,感觉怎么样?

把这种感觉和想法,告诉一周前那位苦恼的自己。

# 与情绪相处一周练习

心理学中的"与情绪相处"通常是指如何处理自己和他人的情绪,包括识别和理解情绪,以及寻求适当的方式来表达和调节情绪。

可以发挥一下想象力,把情绪想象成一个每时每刻都陪伴着你的人或者一只动物,不论你喜欢还是讨厌,它总会在。总吵架会心累,你不得不找一个办法跟情绪和平相处,去理解情绪,不要试图压抑或掩饰情绪,同时让情绪理解你,不要让情绪控制自己的行为和决策。

在我们的成长过程中,很难从家庭、学校、社会三处获得这些知识和练习。

上周,我们练习了如何觉察自己的情绪,看见情绪。这一周可以更进一步,试试与情绪"对话"。

● 形容一下今天让你印象最深的情绪。

● 如果把当下的情绪比喻成动物,会是什么样的动物?

可以大胆想象一下,这只动物的大小、颜色、脾气等。

● 回忆一下,发生什么事情的时候,这只动物也出现过?和今天发生的事有什么共通的地方?

这个要求比上周的要难一些,回溯过往,往自己的内心走一步。

● 描述一下,你跟这只动物相处的时候是怎样的感觉?

你会感到害怕、高兴、焦虑,或者其他感觉?

● 这只动物想让其他人认识自己，你愿意介绍它吗？

你会通过哪些方式介绍这只动物，讲故事还是画画，或者其他方式？发挥你的想象力，将其写下来或者画下来。

● 这只动物感到不安,觉得自己是不好的,害怕被批评,你能安抚它或者鼓励它吗?

● 你希望这只动物变成什么样子？将其写下来或者画下来。

● 你做些什么可以让这只动物变成你想要的样子?

# 与情绪相处一周练习(加强版)

● 形容一下今天让你印象最深的情绪。

● 如果把当下的情绪比喻成动物,会是什么样的动物?

可以大胆想象一下,这只动物的大小、颜色、脾气等。

● 回忆一下，发生什么事情的时候，这只动物也出现过？和今天发生的事有什么共通的地方？

这个要求比上周的要难一些，回溯过往，往自己的内心走一步。

● 描述一下，你跟这只动物相处的时候是怎样的感觉？

你会感到害怕、高兴、焦虑，或者有其他感觉吗？

● 这只动物想让其他人认识自己,你愿意介绍它吗?

你会通过哪些方式介绍这只动物,讲故事还是画画,或者其他方式? 发挥你的想象力,将其写下来或者画下来。

● 这只动物感到不安,觉得自己是不好的,害怕被批评,你能安抚它或者鼓励它吗?

● 你希望这只动物变成什么样子？将其写下来或者画下来。

● 你做些什么可以让这只动物变成你想要的样子?

# 自我肯定一周练习

第二章《照见自我，定位优势》中提到，稳定力是最受欢迎的特质。

弗洛伊德认为，稳定力是一种心理状态。在这种心理状态之下，一个人或者一个系统能够维持自身的结构和功能，并且能够适应外部环境的变化。

在《稳定力，最受欢迎的万能品质》一节中，我们已经了解到稳定者擅长自我关怀。那么，从自我肯定开始，练习如何自我关怀，逐步提升自己的稳定力。

吃完晚饭，跟今天的自己说一句鼓励的话，练习一种肯定的态度。

● 深呼吸十下，感受自己的手指、脚尖、眉头。

告诉自己，紧绷的肩膀可以放松下来，眉头不用紧皱，可以慢慢地松开。

● 今天的高光时刻是什么时候？或者今天有成就感的事情是什么？

看见自己付出的努力，以及自身的优点。这件事情不需要很重大，小事也可以庆祝。

认可自己的能力和成就可以增强自信和自尊，帮助自己更好地应对挑战和压力。

● 如果是别人有了同样的高光时刻,对方期待你的表扬,你会怎么说?

```
┌─────────────────────────────┐
│                             │
│                             │
│                             │
│                             │
│                             │
└─────────────────────────────┘
```

● 如果做一件事情哄自己开心,你会做什么?

想象一下,你会在什么地方、什么天气里做这件开心的事?你在现场会听到什么、闻到什么?都可以写下来。

```
┌─────────────────────────────┐
│                             │
│                             │
│                             │
│                             │
│                             │
└─────────────────────────────┘
```

● 想象自己正在做这件开心的事,你的感觉怎样?记录这个感觉。

● 什么时候去做这件事?如果现在无法实现,那改变些什么事情,就能实现?

写下具体的日期。

## 自我肯定一周练习(巩固版)

● 吃完晚饭,跟今天的自己说一句鼓励的话,练习一种肯定的态度。

● 深呼吸十下,感受自己的手指、脚尖、眉头。

告诉自己,紧绷的肩膀可以放松下来,眉头不用紧皱,可以慢慢地松开。

● 今天的高光时刻是什么时候?或者今天有成就感的事情是什么?

看见自己付出的努力,以及自身的优点。这件事情不需要很重大,小事也可以庆祝。

认可自己的能力和成就可以增强自信和自尊,帮助自己更好地应对挑战和压力。

● 如果是别人有了同样的高光时刻,对方期待你的表扬,你会怎么说?

● 如果做一件事情哄自己开心,你会做什么?

想象一下,你会在什么地方、什么天气里做这件开心的事?你在现场会听到什么、闻到什么?都可以写下来。

● 想象自己正在做这件开心的事,你的感觉怎样?记录这个感觉。

● 什么时候去做这件事？如果现在无法实现，那改变些什么事情，就能实现？

写下具体的日期。

随书附赠

非卖品

上架建议:心理学·心理自助
ISBN 978-7-5168-3694-1

定价:59.80元